21 Century Higher Education Textbook for Animation, Comics and Game

"十二五"全国高校动漫游戏专业骨干课程权威教材

动漫游戏专业高等教育教材专家组/审定

GAME
PROPS DESIGN
游戏道具设计

策划 ◎ 花泉插画工作室

编著 ◎ 张　恺　马潇灵　郭立怀

海洋出版社

2015年·北京

内 容 简 介

游戏道具设计在游戏开发中占有重要的地位，是游戏美术设计中的重要内容，也是高校数字游戏设计专业必修课程。

本书共分为 8 章，先介绍了游戏道具设计的概念、基础美术、数码绘画的概念和常用软件等知识，然后通过范例鎏金琉璃宝瓶、蓝宝石戒指、翡翠鲤鱼、旧书"恶魔之眼"和远古卷轴介绍了生活类道具的设计方法；通过范例双手魔剑、爪弓、魔幻水晶盾、枪械类武器—科技枪、复合类武器—圆锯枪介绍了武器装备道具的设计方法；通过范例魔鬼船、飞行器、恶灵战车介绍了载具的设计方法；通过范例火属性权杖、毒属性权杖、水属性权杖、图腾柱、雷击技能吟唱、聚气技能效果介绍了道具特效的设计方法。最后通过 5 个经典游戏中的道具设计赏析，拓展读者的设计思路和理念。

适用范围：本书适合作为全国高校数字游戏设计专业教材、游戏制作培训班教材以及游戏设计师与爱好者的自学参考书。

图书在版编目（CIP）数据

游戏道具设计/张恺，马潇灵，郭立怀编著. —北京：海洋出版社，2015.2
ISBN 978-7-5027-9085 -1

Ⅰ.①游… Ⅱ.①张…②马…③郭… Ⅲ. ①游戏—软件设计 Ⅳ. ①TP311.5

中国版本图书馆 CIP 数据核字（2015）第 029927 号

总 策 划：刘　斌	发 行 部：（010）62174379（传真）（010）62132549
责任编辑：刘　斌	（010）68038093（邮购）（010）62100077
责任校对：肖新民	网　　　址：www.oceanpress.com.cn
责任印制：赵麟苏	承　　　印：北京朝阳印刷厂有限责任公司
排　　版：海洋计算机图书输出中心　晓阳	版　　　次：2021年2月第1版第2次印刷
出版发行：海洋出版社	开　　　本：787mm×1092mm　1/16
地　　址：北京市海淀区大慧寺路8号（716房间）	印　　　张：20.25
100081	字　　　数：486千字
经　　销：新华书店	定　　　价：88.00元
技术支持：（010）62100055	

本书如有印、装质量问题可与发行部调换

前　言

随着电脑技术的不断发展，数字技术的发展也日新月异，数字技术所能实现的功能和效果不断促进游戏艺术设计的创新和发展。作为游戏画面和内容构成的重要因素，游戏道具设计在游戏开发中占有重要的地位，是游戏美术设计中的重要内容，它不但要具有一定的创造性，还要体现出更高的艺术性。

本书以由浅入深、循序渐进的方式，先介绍了游戏道具设计的概念、制作流程以及分类，然后介绍了基础美术知识，包括几何形体的认识、素描调子的表现手法、绘画基础理论、构图基本原则、色彩的情感使用和色相环的合理搭配等，接着介绍了数码绘画的概念与常用软件，并通过19个综合项目的制作，介绍了设计生活类道具、武器装备、载具和道具特效的方法，最后通过5个经典游戏的道具设计赏析，帮助读者拓宽视野，提升技能。

本书共分为8章，具体内容介绍如下。

第1章为游戏道具设计概述，介绍了游戏道具美术设计的定义、游戏道具设计的整体流程、游戏道具设计的分类等。

第2章为基础美术，包括几何形体的认识、素描调子的表现手法、绘画透视的基础理论、构图基本法则、色彩的情感使用和色相环的合理搭配。

第3章为数码绘画的概念和常用软件，介绍了硬件设施的配置、数位板的设置、软件基本功能的学习和认识、色彩模式、预设管理、快捷操作、画笔设置和图层属性等。

第4章为生活类道具设计，介绍了生活类道具的设计理念、生活类道具的简单分类、生活类道具的的装饰方法，并通过鎏金琉璃宝瓶、蓝宝石戒指、翡翠鲤鱼、旧书"恶魔之眼"和远古卷轴5个实际案例的设计思路和制作过程，介绍了生活类道具的设计方法。

第5章为武器装备设计，介绍了武器装备的设计理念、武器装备的简单分类、武器装备道具的设计注意事项，并通过双手魔剑、爪弓、魔幻水晶盾、枪械类武器——科技枪、复合类武器——圆锯枪5个实际案例的设计思路和制作过程，介绍了武器装备类道具的设计方法。

第6章为载具设计，介绍了交通工具的设计理念、交通工具的简单分类、交通工具的设计表现重点，并通过魔鬼船、飞行器、恶灵战车3个实际案例的设计思路和制作过程，介绍了载具的设计方法。

第7章为道具特效设计，介绍了特效的平面设计的原理、思路和表现方式，并通过火属性权杖、毒属性权杖、水属性权杖、图腾柱、雷击技能吟唱、聚气技能效果6个实际案例，介绍了道具特效设计的方法。

第8章为经典游戏道具设计赏析，介绍了在游戏道具设计中最有代表性的成熟作品，拓展读者的设计思路和理念。

本书既可作为高校游戏设计专业课教材，也可作为动画类相关专业课教材，同时也可作为社会游戏设计、动画设计培训班教材，以及热爱游戏设计的人员的自学指导书。

本书为花泉插画工作室策划，由张恺、马潇灵、郭立怀编著，在编写过程中得到了魏茜茜、陈彦希、周肇都、伍文通、陈文卓、张颖、邱瀚超、欧阳朝晖、郑帅、张文琦、张文华、汤耀国、罗馨竹、何来、敬勇、程俊杰、于琳飞、巫洋、余雅韵、刘卿、李美颐、马蕾、李章建、王美玲的帮助，在此表示感谢。

范例效果欣赏

鎏金琉璃宝瓶（第4章）

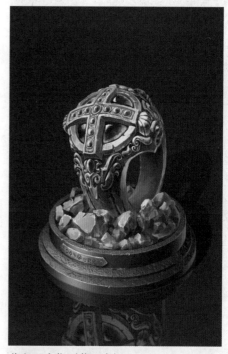

蓝宝石戒指（第4章）

翡翠鲤鱼（第4章）

旧书"恶魔之眼"（第4章）

远古卷轴（第4章）

双手魔剑（第5章）

爪弓（第5章）

魔幻水晶盾（第5章）

科技枪（第5章）

圆锯枪（第5章）

魔鬼船（第6章）

飞行器（第6章）

恶灵战车（第6章）

火属性权杖（第7章）

毒属性权杖（第7章）

水属性权杖（第7章）

图腾柱（第7章）

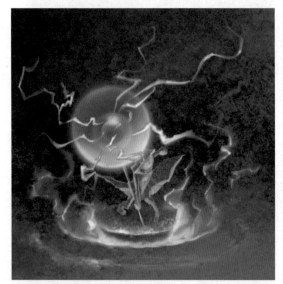

雷击技能吟唱（第7章）

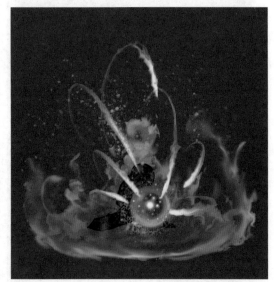

聚气技能（第7章）

目　录

第一章
游戏道具设计概述

▶ 第一节　认识游戏道具设计与分类

　　道具是指游戏中可以与人物或系统产生互动并能丰富游戏内容的物品，如图 1-1 至图 1-4 所示，游戏道具设计可以分为设计和实现两个阶段。

图 1-1　门环

图 1-2　皇冠

图 1-3　台架望远镜

图 1-4　魔法书

一、游戏道具设计流程

　　游戏道具的具体设计流程如下：

　　（1）在设计任何一种道具之前都要明确设计的目的，只有确定了设计目的才能更好地进行道具设计。

　　（2）根据游戏的系统需求设定相关的道具种类和道具属性以及道具的获得方式和回收方式。

　　（3）根据设计的内容确定美术与程序的实现流程：策划内部讨论→初步设定文档→与美术、程序讨论是否可以实现→策划设定制作文档→提交美术（程序）制作→确认制作是否符合要求→游戏内测试。

二、游戏道具的种类

根据道具的作用不同，可以将游戏道具分为生活类道具、武器装备、消耗品、载具等种类。

1. 生活类道具

生活类道具在每一个游戏里都会涉及，按照在游戏中的功能可分为装饰类、使用类、任务类和补给类等。如图1-5至图1-8所示。

图1-5　装饰类生活道具

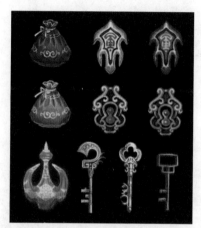

图1-6　使用类生活道具

图1-7　任务类生活道具

图1-8　补给类生活道具

2. 武器装备类

游戏中，武器装备类道具一般以提升玩家的角色属性为目的，在设计时，首先要设定装备的使用者，只有先设定了装备的使用者才可以进一步设定装备的其他因素。在设定装备的时候，可以利用表格将设定的装备元素罗列出来，因为表格可以将其表现得更加清晰。如图1-9至图1-15所示为部分武器装备效果图。

图 1-9 拳套

图 1-10 兽族骨弓

图 1-11 飞刃

图 1-12 突击抢

图 1-13 碎骨巨刃

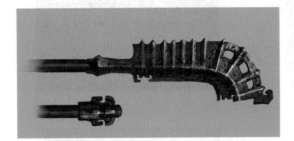

图 1-14 铁斧

图 1-15 钝器类

在设定装备的使用者时，要注意以下几个方面。

（1）根据游戏中的角色性别设定装备的使用者。

①装备使用设定性别限制。在现在比较流行的网络游戏中，游戏装备往往都会设定性别限制。不同性别的角色使用不同的装备，这样的设定可以增加不同装备呈现给玩家的视觉美感，如图 1-16、图 1-17 所示。

图 1-16 女性装备"花伞套装"

图 1-17 男性装备"剑盾"

②装备使用不设定性别限制。在一些游戏中，武器装备是没有设定性别限制的，一件装备穿在不同性别角色的身上，可以体现出不一样的美感，如图1-18、图1-19所示。

图1-18　不设定性别的装备

图1-19　不设定性别的装备

（2）根据游戏中的角色类别设定装备的使用者。

在有些游戏中，往往会设定许多不同的角色，有些角色可以使用大部分的装备，有些角色可能只能使用特殊的装备。当然，在有的游戏中，角色使用装备时并没有限制，无论什么装备都可以使用。

游戏角色具体使用什么样的装备需要根据游戏的背景设定，在风格迥异的各类游戏中，装备系统往往都有很大的不同。如图1-20、图1-21所示。

图1-20　权杖

图1-21　飞刀

（3）根据游戏中的职业设定装备的使用者。

在一些游戏中，装备的使用会设定职业限制，各职业只能使用本职业的装备。其设计目的是直接通过装备体现不同职业之间的区别，通过装备体现各职业在游戏中的作用。每个职业都有自己特色，并且根据装备的材质，确定装备的使用职业。例如，战士使用板甲、锁甲和职业套装等装备，法师使用布甲和职业套装等装备。如图1-22至图1-26所示。

图 1-22　刺客型职业装备

图 1-23　巨剑手型职业装备

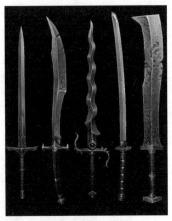

图 1-24　剑士型职业装备

图 1-25　术士型职业装备

图 1-26　巫师型职业装备

3. 消耗品

消耗品是指在游戏中使用后会消失（不一定是物品消失）并可以改变角色状态的物品。

消耗品可以分为恢复类、BUFF（DEBUFF）类、特殊类、投掷类等。

（1）恢复类

根据效果的不同，可以将恢复类消耗品分为 HP 恢复、MP 恢复、SP 恢复、其他属性恢复等。

① HP 恢复：恢复角色的血量值。

② MP 恢复：恢复角色的法力值。

③ SP 恢复：恢复角色的怒气（能量值）。

④ 其他属性恢复：恢复游戏内的其他属性。战斗中和非战斗中都可以使用的道具。

在对恢复类消耗品进行了分类设计以后，就可以根据游戏内的背景和风格，设计恢复类消耗品的名称和使用效果了，如图 1-27、图 1-28 所示。

图 1-27　恢复类

图 1-28　恢复类

（2）BUFF 类

根据 BUFF 的效果不同可以分为增加 BUFF（DEBUFF）道具和取消 BUFF（DEBUFF）道具。其他的分类方式与恢复类效果大体一致。BUFF 的种类可以分为多种，如增加物理攻击 BUFF、增加防御 BUFF、增加经验 BUFF 等。具体的属性设计还要根据游戏的设定进行，如图 1-29、图 1-30 所示。

图 1-29　BUFF 类饰品

图 1-30　BUFF 类饰品

（3）特殊类

特殊消耗品包括许多类型，具体的效果需要根据游戏内的各个系统进行设计，无论类型怎么划分，其使用的方式基本上与恢复类消耗品相同。如图 1-31、图 1-32 所示。

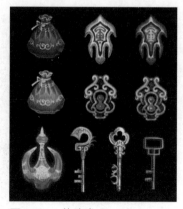

图 1-31　特殊类

图 1-32　特殊类

4. 载具类

载具类可以分为陆地载具类、空中载具类和水上载具类。

（1）陆地载具类

陆地载具类道具大致可以分为：①古代马车，如马匹、可以骑乘的各种兽类、人力车等。②现代战车，如各种战车、汽车、火车等。③未来类科技车，如悬浮车等。④魔幻类的特殊路上载具。如图 1-33 至图 1-38 所示。

图 1-33　陆地载具

图 1-34　陆地载具

图 1-35　陆地载具

图 1-36　陆地载具

图 1-37　陆地载具

图 1-38　陆地载具

（2）空中载具类

空中载具类道具大致可分为：①飞机。②可以乘骑的动物。③太空载具，如飞船、时光机等。④魔幻类。如图1-39至图1-44所示。

图1-39 空中载具

图1-40 空中载具

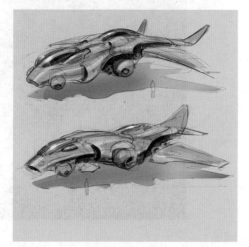

图1-41 空中载具

图1-42 空中载具

图1-43 空中载具

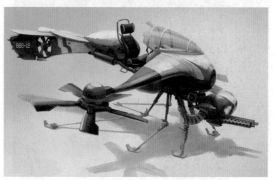

图1-44 空中载具

（3）水上载具类

水上载具类道具可分为：①各类古代舰船。②各类现代、未来舰船。③魔幻类舰船，可以是拟人化的其他事物，或者经过特殊故事背景渲染的非船类载具。如图 1-45 至图 1-50 所示。

图 1-45　水上载具

图 1-46　水上载具

图 1-47　水上载具

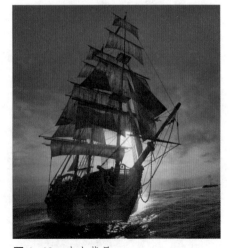

图 1-48　水上载具

图 1-49　水上载具

图 1-50　水上载具

▶ 第二节　道具的属性设计

道具的属性设计是指根据游戏内的各个系统需求对道具的属性进行设计。

一、装备属性设计

装备的属性设计其实就是将游戏中的人物的各种属性分类选择并添加到各个道具上。装备的属性设计包括以下几个部分：

1. 装备的使用

包括使用者（角色、性别、职业），装备的使用条件（使用等级、属性限制），装备的使用是否有职业限制，是否有职业限制的装备属性设计上是不同的。

（1）有职业限制：装备在属性设计的时候需要根据不同的职业特点设定武器的属性。例如，战士的武器更多的是增加物理攻击力，法师使用的装备更多的是增加法术攻击力。战士使用的武器更多的是增加物理方面的附加属性，如力量、耐力、物理爆击等；法师的武器更多的是增加法术方面的附加属性，如智力、精神、法术爆击等。这样的设计与职业的属性更加匹配，因为装备的使用都是有限制的，不同的职业不能使用同一种武器，这样不容易出现战士使用的武器增加的都是法术方面的属性，法师的武器增加的都是物理方面属性的情况。在进行设计的时候可以更多地利用表格制作。如图1-51、图1-52所示。

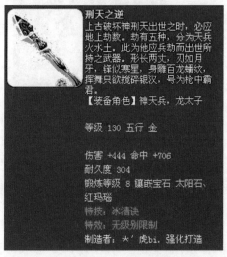

图1-51　《梦幻西游》中的神天兵、龙太子
专职武器

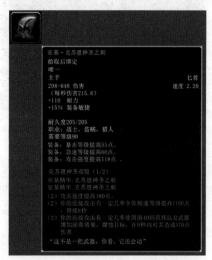

图1-52　《魔兽世界》中的战士、盗贼、
猎人专职武器

（2）没有职业限制：如果装备没有职业限制，在设计装备的时候就不要考虑那么多的条件，只需要把属性设计到装备上就可以了，玩家可以按照自己的需求选择装备。如图1-53、图1-54所示。

图 1-53 《梦幻西游》中的无职业限制武器

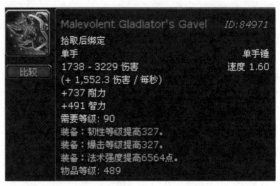

图 1-54 《魔兽世界》中的无职业限制武器

2. 装备等级限制

一般的游戏中都会加入装备等级限制的属性限制，这样的设计可以避免低级玩家直接使用高级的装备，破坏初期的游戏平衡。装备的等级限制也就是装备的更换，有两种不同的设计方式。一种是在一个等级的时候所有的装备共同更换，并且装备更换的频率是固定的。这样的设计可以增加玩家的新鲜感。如图 1-55、图 1-56 所示。另一种则是无规则地更换装备，装备的等级限制变动是随机的。

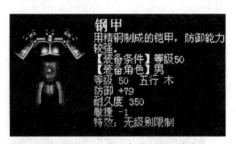

图 1-55 《梦幻西游》中的 50 级装备

图 1-56 《梦幻西游》中的 120 级武器

3. 其他各种属性的限制与参考思路

（1）属性限制：有的游戏中也会根据游戏系统的需求，对装备的使用设定属性限制，即要求角色的某项属性达到一定要求才可以使用此装备。装备的附加属性是指除了基本属性以外的属性，包括力量、耐力、敏捷、智力、精神、各种抗性、爆击、躲闪等。

（2）装备耐久：装备耐久的设计是针对游戏内的消耗进行的设计，如游戏币消耗、RMB 消耗。

（3）装备强化：需要设计装备可以强化的次数或者装备生产对应的材料。

（4）装备的基础属性：一般的基础属性包括攻击、防御、速度、血量、魔法等。例如，武器增加攻击力，衣服增加防御，鞋子增加速度，腰带增加血量、魔法等。

（5）装备的附加属性：装备的附加属性可以选择的属性比较多，包括耐力、敏捷、力量、爆击、闪避、抗性等都可以作为附加属性。

（6）如果人物的攻击速度通过装备体现，那么在装备设计的时候还需要考虑武器的攻击速度。

（7）绑定属性设计：绑定属性是指该件物品与人物捆绑，只能本人使用，不可以交易或者给予其他人。绑定的属性包括：

① 拾取绑定：获得物品后，物品绑定。

② 使用绑定：物品被使用以后绑定。

③ 交易绑定：物品交易一次后绑定。

二、消耗品属性设计

消耗品是指游戏中玩家可以使用，并且使用后对道具本身产生影响的物品，消耗品的属性设计首先需要设定道具的使用限制。

1. 使用者限制

消耗品的使用者限制与装备的使用者限制不同，因为一般游戏中消耗品的使用不需要区分角色、职业，但是需要判断消耗品的使用目标，以及作用目标、作用场合。如图1-57、图1-58所示。

图1-57　圣骑士专用药水

图1-58　宠物食品

2. 设定道具的效果类

道具的效果是指此类物品可以增加角色的哪些属性。例如，增加生命、增加魔法、增加经验等，具体的效果需要参考游戏人物属性的设计。如图1-59、图1-60所示。

图1-59　经验奶酪属性

1级力量药剂（永久）	永久：+1力量	
2级力量药剂（永久）	永久：+3力量	
1级智力药剂（永久）	永久：+1智力	
2级智力药剂（永久）	永久：+3智力	
1级体力药剂（永久）	永久：+1体力	
2级体力药剂（永久）	永久：+3体力	
1级精神药剂（永久）	永久：+1精神	
2级精神药剂（永久）	永久：+3精神	
1级HP提升药剂（永久）	永久：+10 HP	

图1-60　各类药剂加成属性

3. 修正类

有些消耗品使用后可以为人物提供特殊的属性 BUFF，这个时候就需要设定道具的修正类，比如说增加耐力多少数值，如果有持续时间的话还需要增加持续的时间。如图 1-61、图 1-62 所示。

4. 技能书类型设计

在设计技能书的时候需要说明使用该道具可以学习或升级哪类技能并要说明改变的数值。如图 1-63、图 1-64 所示。

图 1-61　经验奶酪属性　　　图 1-62　风速药水属性　　　图 1-63　防御技能书

5. 传送道具设计

在设计传送道具的时候需要指定传送的方式，如使用之后传送到一个固定的坐标，或者传送到一个指定的区域，或者随机传送到某个坐标。如图 1-65、图 1-66 所示。

图 1-64　攻击技能书　　　图 1-65　村庄传送卷　　　图 1-66　传送卷轴

三、任务类道具属性设计

根据任务类型的不同设定不同的任务道具。包括：
（1）任务道具是否可以使用。
（2）设定道具是否可以叠加、是否可以买卖等。

四、获得方式

游戏内的道具不是凭空产生的，都是玩家通过一定途径获得的，获得的途径包括以下几个方面。

（1）商店购买：玩家利用游戏币或者现实货币从商店购买，关联的系统包括商店系统、商城系统、包裹系统等。

（2）生产获得：通过采集系统（如伐木、采药等）获得一些生产材料，或者通过利用生产材料制作装备或者其他消耗品等，关联的系统包括采集系统、生产系统等。

（3）怪物掉落：杀怪掉落的一些物品，例如装备、杂物、消耗品等，关联系统包括怪物掉落系统。

（4）系统发放：包括玩家做任务获得的道具，系统活动发放的道具。关联系统包括任务系统、系统活动等。

▶ 第三节　美术交互

策划与美术部门合作的流程：策划提供需求—美术制作—策划提供意见反馈—美术进行修改—确认定稿。下面介绍各个流程的需求以及注意点。

一、武器装备类道具制作需求

制作武器装备类道具时需要注意以下几点内容：

（1）游戏的背景环境（西方文化、东方文化），以及游戏的风格（玄幻、写实、Q版等）。通过这些可以确定游戏内装备的大体风格（见表1-1）。如图1-67至图1-70所示为风格参考。

表1-1　背景感受及风格参考

类型	地域风格	地域名称	进入等级	风格参考
背景感受效果图	雨林	荆棘雨林	1～10	 图1-67　雨林风格感受参考
背景感受效果图	沙漠	死亡沙漠	11～20	 图1-68　沙漠风格感受参考

(续)

类型	地域风格	地域名称	进入等级	风格参考
背景感受效果图	海底	神奇海底	21～30	 图1-69　海底风格感受参考
背景感受效果图	雪山	阿贝斯山	31～40	 图1-70　雪山风格感受参考

（2）游戏内装备的类型，提供各职业使用者（角色、性别、职业等）、职业的风格以及职业的特点。通过提供的这些内容，美术人员可以绘制出各个职业的基础装备（见表1-2）。如图1-67至图1-70所示为造型参考。

表1-1　装备类型及造型参考

装备名称	使用职业	性别	等级需求	造型参考
野蛮骨刀	兽人	无限制	15	 图1-71　骨刀风格感受参考

(续)

装备名称	使用职业	性别	等级需求	造型参考
羽扇	仙人	无限制	35	 图1-72　羽扇风格感受参考
羽杖	妖族	无限制	35	 图1-73　羽杖风格感受参考
拳套	人类	无限制	25	 图1-74　拳套风格感受参考

　　（3）技能的图标需求，利用画好的装备实物进行等比缩放制作图标（见表1-3）。如图 1-75 至图 1-78 所示为参考图。

表1-3　技能图标参考

名　称	职　业	性　别	等　级	参　考　图
火焰斩	战士	男	35	图 1-75　风格感受参考
风刃	牧师	女	45	图 1-76　风格感受参考
冰箭术	弓箭手	男	20	图 1-77　风格感受参考
奥数攻击	法师	女	55	图 1-78　风格感受参考

　　在提供的需求中，如果策划人员对装备的外形或者图标有特别明确的想法，可以提供到美术需求中供美术人员参考，有条件的话也可以选取一些参考图片提供给美术人员，如果没有特定的要求，也可以让美术人员自己发挥，进行装备的设计。

二、消耗类道具制作需求

　　消耗类道具的美术需求与武器装备类差不多。消耗类道具需要提供该类道具的使用效果以及使用目标等。如果消耗品没有实体物品，那么只要设计了图标就可以了（见表1-4）。如图 1-79 至图 1-82 所示为参考图。

表1-4　消耗类道具参考

名　称	产　出	等　级	参　考　图
聚魂珠	噩梦谷	35	图 1-79　造型设计感受参考

（续）

名　　称	产　　出	等　　级	参　考　图
聚阳珠	正阳山	45	 图 1-80　造型设计感受参考
大瓶生命药水	商店	10	 图 1-81　造型设计感受参考
大瓶风速药水	商店	15	 图 1-82　造型设计感受参考

三、任务类道具美术需求

　　任务道具设计是指根据具体的任务设计来制作任务道具，任务道具一定要和任务本身息息相关，并且区别于其他道具（见表 1-5）。如图 1-83 至图 1-86 所示为参考图。

表1-5　任务道具参考

名　　称	任　　务	等　　级	参　考　图
主持的烛台	遗失的烛台	15	 图 1-83　造型设计感受参考

(续)

名　称	任　务	等　级	参　考　图
魔方	复活的魔方	10	图 1-84　造型设计感受参考
旧魔法书	灰尘大典	35	图 1-85　造型设计感受参考
银饰	东塔塔的首饰	5	图 1-86　造型设计感受参考

习题

1. 简述游戏道具设计流程。
2. 简述游戏道具的种类。
3. 简述游戏道具的获得方式。

第二章

基础美术

▶ 第一节　素描

一、美术的概念

美术是造型艺术中最主要的一种艺术形式。它是指运用线条、色彩和形体等艺术语言，通过造型、色彩和构图等艺术手段，在二维空间（即平面）里塑造出静态的视觉形象，以表达作者审美感受的艺术形式。可以从以下几个方面来理解美术的概念：

（1）美术是美的艺术的简称；（2）美术是一种造型艺术，造型艺术是指占有一定的空间，构成一定的美感形象，并通过视觉来欣赏的形象艺术，包括绘画、雕塑、建筑等。如图 2-1、图 2-2 所示；（3）专指绘画。

图 2-1　绘画图片

图 2-2　雕塑图片

二、素描

从广义上来讲，素描是指一切单色绘画，是指用一种颜色深浅、浓淡，或一种笔墨的粗细变化刻画出来的客观物像。从狭义范围来讲，素描是指在室内或室外进行的相对静止的、时间稍长的单色绘画。素，指单色的意识。描，指画的意识。素描可以锻炼造型技巧和正确的观察方法及表现方法，是一切绘画的基础，是决定一切绘画和创作的成败因素之一。如图 2-3、图 2-4 所示为素描图片。

三、几何形体

几何形体是指由平面和曲面所围成，占有一定空间的多种立体图形。如正方体、长方体、圆柱体等，如图 2-5、图 2-6 所示。

图2-3　单色素描图片

图2-4　单色素描图片

图2-5　几何形体参考图片

图2-6　几何形体参考图片

四、比例

比例是指绘画构图时物体的大小、位置等，也可理解为寻找可比参照物进行可比因素的比较，比较的内容为长度、宽度、高度、角度、距离。一般先比较整体，后比较局部。比例有整体比例和局部比例之分，如图2-7、图2-8所示。

图2-7　画面比例参考图片

图2-8　局部画面比例参考图片

五、素描调子

素描中有三面五调的概念，三面是指受光面、背光面、反光面。即物体在受光的照射后，呈现出不同的明暗，受光的一面叫亮面，侧受光的一面叫灰面，背光的一面叫暗面。

在三大面中，根据受光的强弱不同，还有很多明显的区别，形成了五个调子。除了亮面的亮调子、灰面的灰调和暗面的暗调之外，暗面由于环境的影响又出现了"反光"。另外在灰面与暗面交界的地方，既不受光源的照射，又不受反光的影响，因此挤出了一条最暗的面，叫"明暗交界"。这就是我们常说的"五大调子"。

调子，又称色调，是画面统一的色彩倾向。调子是色彩问题中最主要的要素之一。素描调子是指涂明暗的意识，即所描绘的物体在光源的照射下形成的明暗关系。在有明暗的前提下，形体才能有一定的空间关系、远近关系和虚实关系等。

六、素描调子训练

1. 光源分析是画调子的一个基本前提，光源的种类分为以下几种。

（1）顺光

顺光是指绘画者同光源的位置相同，所画的对象基本全部都是亮部，看不见投影。如图 2-9、图 2-10 所示。

图 2-9　顺光光源参考图片

图 2-10　顺光光源参考图片

（2）侧光

侧光是指以绘画者的位置与光源的位置成 90 度角来看被画的对象。被画的对象有一半是亮部，一半是暗部，这个角度便于表现物体的结构关系，如图 2-11、图 2-12 所示。

图 2-11　侧光光源参考图片

图 2-12　侧光光源参考图片

（3）逆光

绘画者的位置与光源的位置成 180 度角，绘画者的视线面对光源的方向，被画的对象基本上是以暗部为主，如图 2-13、图 2-14 所示。

图 2-13　逆光光源参考图片

图 2-14　逆光光源参考图片

（4）顶光

光源从被画对象的顶部照射，其投影在被画对象的根部，只有顶部受光，其余全部是中间调子或者是暗部，如图 2-15、图 2-16 所示。

（5）多光

多光是指有两种以上的光源照射在被画的对象上，这种情况一般选择对于对象表现形体结构有利的一个光源来表现对象，其余的光源以反光的形式出现或省略，如图 2-17、图 2-18 所示。

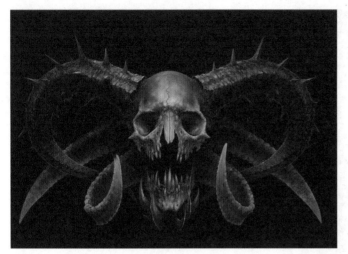

图 2-15 顶光光源参考图片

图 2-16 顶光光源参考图片

图 2-17 多光光源参考图片

图 2-18 多光光源参考图片

2. 素描五大调子的画法

素描的五大调子是指明暗交界线、过渡调、亮调、反光、投影，如图 2-19、图 2-20 所示。关于素描五大调子的基本论述如下：

（1）素描的五大调子一般先画明暗交界线，在绘画步骤上，一般都是从暗部开始画，而从暗部开始的话，一般必须从明暗交界线开始，这是一个规律。在画交界线的时候，必须考虑好交界线的位置，如果位置定错了，其他的调子也都没有作用。

（2）过度调有两个，一个是暗部的过度调，另一个是亮部的过度调，两者的区别是亮部的亮，暗部的重，要区别好。但在画的时候，一般是从暗部开始，或从明暗交界线往两边画，同时进行。过度调的绘画是素描中最主要的部分。

图 2-19 素描调子参考图片

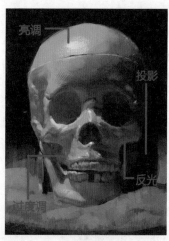

图 2-20 素描调子参考图片

（3）亮调的素描有两部分，一个是从高光到过度调的部分，尽管在亮部但也有调子。只是很轻，但必须要画，不能不画，直到高光部分为止。

（4）反光的画法，主要考虑两个问题：一个是在画反光的时候，不管反光有多亮，也不能比亮部的亮度还亮。二是无论有没有反光，考虑暗部的反光的时候，必须把反光画出来。只是在画反光的时候，有的亮，有的不亮，为此在考虑反光的时候，无论有没有反光，都要画出来。

（5）在画投影的时候要考虑投影的透视关系的合理性，如果在透视上出现问题，会影响整个画面的效果。如图 2-21、图 2-22 所示。

图 2-21 素描调子参考图片

图 2-22 素描调子参考图片

七、形体结构

形体结构是素描训练的核心。形，是指物体的基本形状，一般指外部轮廓和外部轮廓内的形体位置安排。体，一般指在外部形状表现完成以后，对形状体积的表现，体积一般是指形状所占空间的面积，不同的面形成一定的体积，但要先有形而后考虑体积的问题。体积是依附在形体的基础之上的空间因素。

在绘画上，结构一词是借用建筑的名词，是指意识的组合与连接的意识，一般有内部结构和外部结构之分，从人物分析的角度来考虑的话，内部结构一般指人物内部的骨骼肌肉连接与组合后所形成的外在结构形式和起伏形式。外在结构指一个形体是由若干个局部组成的，而这些局部在形成一个整体的时候，所体现出来的局部与局部之间的连接形式和组合形式就是外部结构。如图 2-23、图 2-24 所示。

图 2-23 外部结果参考图片   图 2-24 内部结构参考图片

八、素描用笔的表现方法

（1）以"宁方勿圆，宁拙勿巧，宁脏勿净"的方式来指导自己的用笔。

（2）用笔的方向以随形体为主。

（3）用笔训练应以直线训练和调子训练为主。

在用笔的要求上，一般以上述的要求来考虑用笔的情况。在随形体的同时，也要考虑如何将以前的用笔破一破，将画面上的用笔方向灵活一些。如图 2-25 至图 2-32 所示。

图 2-25　块面素描表现参考图片

图 2-26　块面素描表现参考图片

图 2-27　块面素描表现参考图片

图 2-28　块面素描表现参考图片

图 2-29　单线素描参考图片

图 2-30　单线素描参考图片

图 2-31　单线素描参考图片　　　　图 2-32　单线素描参考图片

九、绘画透视的理论基础

绘画透视是指研究所描绘的对象在平面状态下的立体结构和空间结构，包括视点、视线、视阈、视平线、视中线、灭点、视线角度等概念。视点指画者眼睛的位置。视线指视点与物体之间的虚拟连线。视阈指先固定视点，60 度视角内所看到的范围为正常的视阈，可视视阈为左右视角 140 度，上下约 110 度。视平线为画者平视，与画者视点等高的一条水平线。视中线指的是视点与主点之间的连线。灭点也称为消失点，分为四个点，包括：

（1）主点：视平线中最中间的一个点。

（2）余点：视平线上除主点以外的任意一点。

（3）天点：视平线以上的任意一点均称为天点。

（4）地点：视平线以下的任意一点均称为地点。

视线角度可大致分为：

（1）俯视：低头看视平线以下的形体透视为俯视。

（2）平视：指物体正处在视平线上的形体透视。

（3）仰视：抬头看视平线以上的形体透视为仰视。

（4）平行透视：一个正方体有六个面，其中一个面与地面平行、一个面与画面平行的正方体称为平行透视，平行透视只有一个灭点。

1.单点透视

单点透视又称“平行透视”，由于在透视结构中只有一个透视消失点，因而得名。平行透视是一种表达三维空间的方法。当观者直接面对景物，可以将眼前所见的景物表达在画面上。通过画面上线条的特别安排来组成人与物或物与物的空间关系，使其具有视觉上立体及距离的表象。如图 2-33、图 2-34 所示。

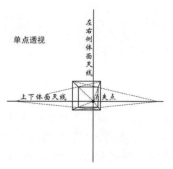

图 2-33　单点透视参考图片

图 2-34　单点透视参考图片

2. 两点透视

两点透视又称为"成角透视"，由于在透视结构中有两个透视消失点，因而得名。成角透视是指从观者的一个斜摆的角度，而不是从正面的的角度来观察目标物。因此观者看到各景物不同空间上的面块，亦看到各面块消失在两部不同的消失点上。这两个消失点皆在水平线上。成角透视在画面上的构成先从景物最接近观者视线的边界开始。景物会从这条边界往两侧消失，直到水平线处的两个消失点。如图 2-35、图 2-36 所示。

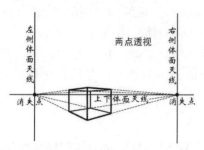

图 2-35　两点透视参考图片

图 2-36　两点透视参考图片

3. 三点透视

三点透视又称为"斜角透视"，是在两点透视的基础上再加一个消失点。第三个消失点可作为高度空间的透视表达，而消失点正在水平线之上或之下。如果第三个消失点在水平线之上，正好使物体往高空伸展，观者是仰头看着物体。如果第三个消失点在水平线之下，则可采用作为表达物体往地心延伸，观者是垂头观看着物体。如图 2-37、图 2-38 所示。

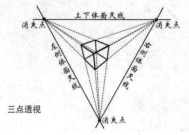

图 2-37　三点透视参考图片

图 2-38　三点透视参考图片

◎ 第二节 构图

从广义上讲，构图是指形象或符号对空间占有的情况。因此理应包括一切立体和平面的造型，但立体的造型由于视角的可变，其空间占有状况随之而变，如果用固定的方法阐述，就显得不够全面，所以通常在解释构图各个方面的问题时，总以平面为主。

从狭义上讲，构图是艺术家为了表现一定的思想、意境、情感，在一定的空间范围内，运用审美的原则安排和处理形象、符号的位置关系，使其组成有说服力的艺术整体。

一、构图的基本法则

关于构图的法则，中西方有不同的说法，西方绘画中讲究的是"均衡、稳定"，中国画论里称之为"经营位置""章法""布局"等，都是指构图。其中"布局"这个提法比较妥当。因为"构图"包含平面的意思，而"布局"的"局"则是泛指一定范围内的一个整体，"布"就是对这个整体的安排、布置。因此，构图必须要从整个局面出发，最终也是期望达到整个局面符合表达意图的协调统一。

在构图时，要求做到统一中求变化，变化中求统一。虽然画面要均衡、稳定，但均衡、稳定并不是等于平均和对称，构图还要讲究画面的生动性、灵活性。

另外我们也可以根据物体的色彩等使画面发生变化。物体的线条、形态、明暗和色彩等都是组织构图形式的因素，直接关系到构图的艺术效果，理想的构图形式是各种绘画成功的有利因素。特别是各种几何形的线条，在构图中有着重要的意义，可以使画面产生迥然不同的视觉效果。如图 2-39 至图 2-44 所示。

图 2-39 优秀构图参考图片

图 2-40 优秀构图参考图片

图2-41　优秀构图参考图片

图2-42　优秀构图参考图片

图2-43　优秀构图参考图片

图2-44　优秀构图参考图片

二、构图的基本结构形式

构图的基本结构形式要求极端的简约，通常概括为基本的几何形。当然这种基本几何形用在构图上只是取其近似，具体的差异变化是多样的。

1. 几何形构图

（1）三角形

一般指正置的三角形，有崇高、坚实、稳定的感觉，在建筑上运用得多，如埃及的金字塔；长三角形使人联想到矢壮，有向上、飞驰、崇高的感觉，哥特式教堂建筑的尖塔就是利用这种感觉。如《蒙娜丽莎》采用的是立三角形构图，通过一个端庄典雅的普通市民女性的形象表达了人对于自身的肯定及对美好事物的向往。这幅作品的成功，很大程度上得益于它优秀的构图方式。如图2-45至图2-47所示。

（2）圆形

圆形能让人联想到车轮，有旋转滚动的感觉；作为球体，有饱满充实的感觉；触觉柔和，具有内向、亲切感。大的圆圈也可以留一个缺口，称为"破月圆"构图。有完美、柔和、旋转向心的感觉。如图2-48至图2-50所示。

图2-45　三角形构图

图2-46　三角形构图

图2-47　三角形构图

图 2-48　圆形构图

图 2-49　圆形构图

图 2-50　圆形构图

（3）S形

S形能够使人联想到蛇形运动，宛然盘旋。或者是来自人体柔和的扭曲，有一种优美流畅的感觉。中国画中的山水画经常使用这种类型的构图，即"之"字形构图，以构成景物纵深盘旋的情趣。如图2-51至图2-53所示。

图2-51　S形构图

图2-52　S形构图

图 2-53   S 形构图

（4）V 形

V 形如同旋转的陀螺，有微微晃动不定的感觉，是一种活泼有动感的形式。如图 2-54 至图 2-56 所示。

图 2-54   V 形构图

图 2-55 V 形构图

图 2-56 V 形构图

2. 线条

(1) 水平线

水平线能使人联想到广袤的天地, 有静穆、安宁、开阔之感。如图 2-57 至图 2-59 所示。

图 2-57 水平线构图

图 2-58 水平线构图

图 2-59　水平线构图

（2）斜线

斜线有延伸、冲动的视觉效果，也称为对角线构图。由于斜线容易使人感到重心不稳，所以动感强，倾斜角度越大，运动感越强。斜线构图的画面要比垂直线构图的画面有动势，而且能形成深度空间，使画面具有活力。如图 2-60 至图 2-62 所示。

图 2-60　斜线构图

图 2-61　斜线构图

图 2-62　斜线构图

（3）曲线

　　曲线构图的画面给人以优美、柔和的视觉效果，曲线有节奏感，作画时要注意曲线的方向性，常见的曲线构图有罗衣裹身的人体、飘动的服饰。如图 2-63 至图 2-65 所示。

图 2-63　曲线构图

图 2-64　曲线构图

图 2-65　曲线构图

▶ 第三节　色彩

　　哪里有光，哪里就有颜色。有时我们会认为颜色是独立的，但事实上，颜色不可能单独存在，它总是与另外的颜色产生联系，就像音乐的音符，没有某一种颜色是所谓的"好"或"坏"。只有当与其他颜色搭配作为一个整体时，我们才能说是协调或者不协调。如图 2-66 至图 2-73 所示。

图 2-66　优秀色彩参考图片

图 2-67　优秀色彩参考图片

图 2-68　优秀色彩参考图片

图 2-69　优秀色彩参考图片

图 2-70　优秀色彩参考图片

图 2-71　优秀色彩参考图片

图 2-72　优秀色彩参考图片

图 2-73　优秀色彩参考图片

　　色轮告诉了我们颜色之间的相互关系。所谓的颜色只是在色谱中的可见光部分。如图 2-74、图 2-75 所示。

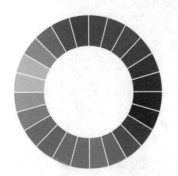

图 2-74　色谱参考图片

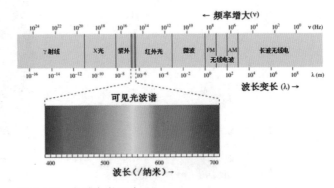

图 2-75　色谱参考图片

一、色彩的情感感受

　　色彩是有一定的情感感受的，好的、准确的情感感受，有助于理解设计者在用色上的意图。研究色彩是为了使用色彩，也就是说最大限度地发挥色彩的作用。色彩的意义与内容在艺术创造和表现方面是复杂多变的，但在欣赏和解释方面又有共通的国际特性，可见它在人们心目中不但是活的，也是一种很美的大众语言。所以，通过对色彩的各种心理分析，找出它们的各种特性，可以做到合理而有效地使用色彩。如图 2-76 至图 2-99 所示。

图 2-76　能量的色彩感受

图 2-77　丰收的色彩感受

图 2-78　纤细的色彩感受

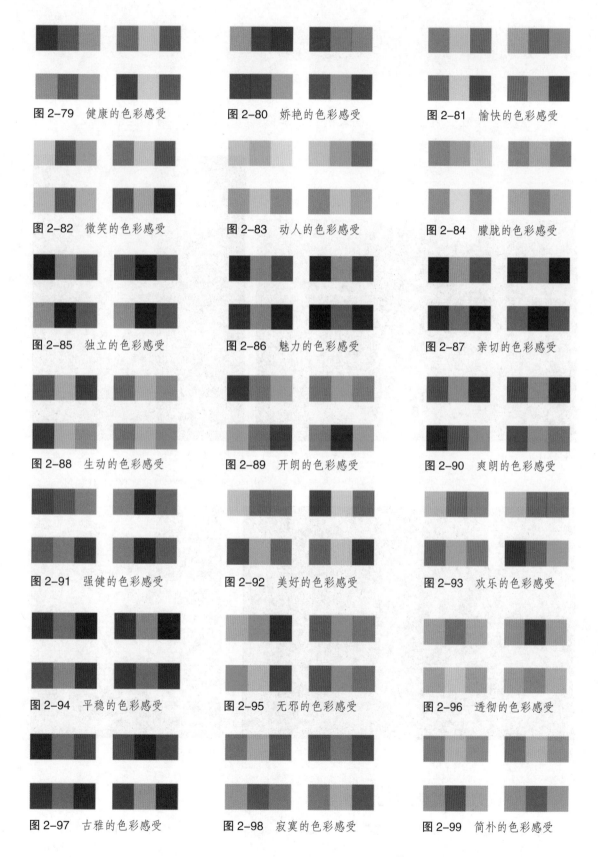

图 2-79　健康的色彩感受　　　图 2-80　娇艳的色彩感受　　　图 2-81　愉快的色彩感受

图 2-82　微笑的色彩感受　　　图 2-83　动人的色彩感受　　　图 2-84　朦胧的色彩感受

图 2-85　独立的色彩感受　　　图 2-86　魅力的色彩感受　　　图 2-87　亲切的色彩感受

图 2-88　生动的色彩感受　　　图 2-89　开朗的色彩感受　　　图 2-90　爽朗的色彩感受

图 2-91　强健的色彩感受　　　图 2-92　美好的色彩感受　　　图 2-93　欢乐的色彩感受

图 2-94　平稳的色彩感受　　　图 2-95　无邪的色彩感受　　　图 2-96　透彻的色彩感受

图 2-97　古雅的色彩感受　　　图 2-98　寂寞的色彩感受　　　图 2-99　简朴的色彩感受

波长长的红光、橙光和黄色光，本身有暖和感，以次光照射到任何色都会有暖和感。相反，波长短的紫色光、蓝色光、绿色光，有寒冷的感觉。

二、暖色与冷色

暖色能给人以一种温暖的、有激情的、能激励人、使人兴奋的色彩感受，如图2-100、图2-101所示。

图2-100　暖色色调　　　　　　　　　　　　图2-101　暖色色调

冷色能给人一种平静的、寒冷的、清爽的感觉的色彩，如图2-102、图2-103所示。

图2-102　冷色色调　　　　　　　　　　　　图2-103　冷色色调

三、利用色环来理解色彩搭配

色环是学习和了解色彩变化与配比的工具，如图2-104所示。下面介绍5种基本的颜色关系。每一种颜色关系都可以有无数种搭配的可能。

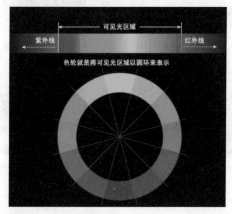

图 2-104 基础色环

（1）单色搭配

是指单一色系的搭配，单色搭配没有形成颜色的层次，但形成了明暗的层次，如图 2-105 所示。

（2）类比色搭配

相邻的颜色称为类比色，这种颜色搭配可以产生一种悦目、低对比度的美感，如图 2-106 所示。

（3）补色搭配

在色轮上直线相对的颜色称为补色，补色可以形成强烈的对比效果，传达出活力、能量、兴奋等意义，如图 2-107 所示。

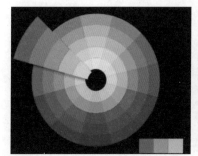
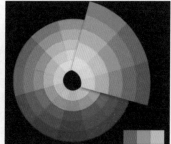
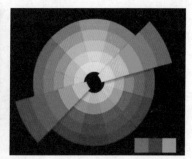

图 2-105 单色搭配　　　图 2-106 类比色搭配　　　图 2-107 补色搭配

（4）分裂补色搭配

同时用补色和类比的方法确定的颜色关系称为分裂补色，这种颜色搭配既有类比色的低对比度的美感，又有补色的力量感，形成了一种既和谐又有重点的颜色关系，如图 2-108 所示。

（5）原色搭配

是指三原色搭配使用，三原色同时出现比较少见，一般为红黄搭配或蓝红搭配，如图 2-109 所示。

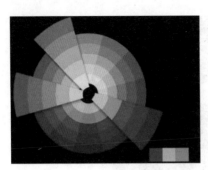

图 2-108　分裂补色搭配

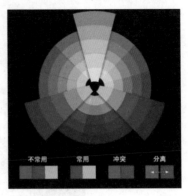

图 2-109　原色搭配

习题

1. 简述素描的概念。

2. 简述素描调子的概念及画法。

3. 简述色彩搭配的类型。

第三章

数码绘画的概念与常用软件

▷ 第一节　电脑数码绘画的概念

一、电脑数码绘画的概念

数码绘画是一门新兴的艺术形式，是数码科技与艺术相结合的产物。数码绘画艺术和传统绘画艺术一样，都是属于视觉艺术的范畴。传统绘画艺术是一种对影像的模仿，无论是用写实还是抽象的手法，其作品都带有虚拟的性质，同样数码绘画艺术也是对影像的模仿，绘画的"虚拟性"是数码绘画艺术和传统绘画艺术所共有的基本特点。同时，传统绘画艺术是通过点、线、面、色彩这几个要素来表达视觉形象的，数码绘画艺术在这方面与传统美术也是完全相同的。但是不同的创作工具，带来的艺术效果是不同的，比如油画、水墨画、蜡笔画、版画等，正是因为采用了不同的工具和材料，才产生了不同的艺术风格。如图 3-1 至图 3-4 所示。数码绘画作品同样也有着自身独特的艺术特点。如图 3-5 至图 3-8 所示。

图 3-1　素描

图 3-2　油画

图 3-3　水墨画

图 3-4　工笔画

图 3-5　数码手绘图

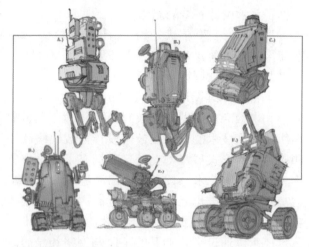

图 3-6　数码手绘图

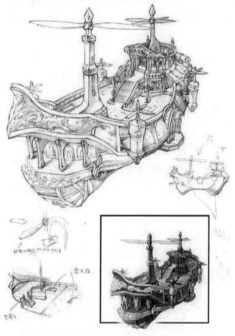

图 3-7　数码手绘图

图 3-8　数码手绘图

二、数字艺术的发展

　　计算机的出现对人类的影响和意义超乎想象，无论是在人类的科技史还是在艺术史上，都是划时代的里程碑。就数字绘图而言，最先出现的是工程图而非艺术品。同任何艺术设计形式的发展过程一样，在满足了功能需求之后，人们不自觉地开始了对数字化创作的艺术追求。在 1963 年之前，人们称一些科学技术人员用数学算法和电子设备形成的图形图像作品为"电脑绘画"。1968 年，首届计算机美术作品巡回展自伦敦开始，遍历欧洲各地，最后在纽约闭幕，从此宣告了计算机美术成为一门富有特色的应用科学，开创了艺术设计领域的新天地。

从 20 世纪 70 年代开始,《计算机美术》《电脑绘画》等书刊在西方工业发达国家应运而生。电脑画家也在这一时期出现。20 世纪 80 年代以来,由于电脑硬件和软件技术的日益进步,数码设计与绘画的制作水平也有了显著提高。简单的数值计算作图程序逐渐向丰富的二维图形图像系统和三维动画系统发展。20 世纪 90 年代之后,随着电脑图形学和电脑产业的发展,数码设计与绘画在世界各地广泛普及的事例不胜枚举。电脑多媒体和网络技术的介入使数码设计与数码绘画不再局限于用平面硬拷贝(纸张、幻灯片和照片)的形式展览与交流,而拥有了更加丰富、高效的创作与观摩的手段,我们把它称为数字媒体艺术。数字媒体艺术是一种可以编辑、剪辑、重组和解构运动影像的艺术,这一点使它和电影艺术非常接近。因此,数字媒体艺术还可以归纳为一种能够综合其他各种具有时间性的媒体,如电影、动画、录像、声音的"综合艺术",特别是数字媒体艺术还可以通过"互动"的手段与网络相结合,使得观众和作品的"距离感"消失,得到更丰富的艺术体验。

从艺术交流与传播的角度来看,数字媒体艺术的产生与发展使传统的艺术传播与交流方式发生革命性的转变,艺术交流的方式与传播也从过去的封闭、个人与个人转变到现在的全球化和互动化,文化的传播也跨越了国际。因此,数字媒体艺术将成为网络时代艺术与传播的主要媒介形式。

三、数字艺术的特点

数字媒体艺术体现传统与现代的有机结合,将推动文化传统、文化艺术的全球化发展,同时进一步加快我国文化多元化的进程。如果善于将传统文化符号与现代设计相结合,对思想传达的形式和内容方面大胆展现民族的、民间的、乡土的、传统的各种象征与神话表述,在保持本民族传统艺术风格的同时,融入国际通用的设计语言及现代设计理念,能使设计获得强大的精神支撑和生命力。因此,民族传统艺术与现代设计语言的完美结合,是我国数字媒体艺术走向世界,得到世界文化认可的重要途径。

越是全球化越需要民族个性的深入发掘。所以,要不断追求具有国际化语言和中国本民族内涵的数字媒体艺术设计新思路。"具有中国特色"的文化艺术将在中国人的精神与感官世界崭露头角。网络化、科技化、信息化的现代社会对于传统文化符号带来了巨大的冲击,同时也给其带来了新的发展的机遇。新的观念与思维方式的导入为我们重新审视传统文化观念提供了更多的思考方向,新技术、新材料的出现也为我们传统文化符号的再设计提供了更多的可能性。同时,我们对待传统与现代态度上,应该是批判地继承,将传统的元素打散后转化为现代元素,融入现代设计的细节中,从而既发展了传统又创新了现代。

同时,艺术的综合性也是数字媒体艺术发展的重要内容。要注重不同艺术形式的相互关联,更要注重艺术与其他学科关联。要善于将各种媒体表现形式结合,熟悉各种艺术的特点,做综合的艺术,而不是单一的。

四、数字媒体艺术的发展必须是艺术与技术的融合

数码技术完善的今天，提到数码设计早已不是什么新鲜的事，随便打开手边的一本书就会发现在版式设计、时装发布、广告、音乐图像、数字电影、网页设计等各个领域，数码设计和绘画随处可见。数码设计正在被越来越多的人所接受，正在成为一种大众化的、平民化的艺术形式。无疑，数字媒体艺术以它自身特有的方便、视觉效果丰富等特点带给人们极大的愉悦。但科技在带给人们便捷与欢娱的同时，也存在一些问题。如有些数字媒体艺术作品对文化和艺术情感表现得尤为匮乏。艺术的精粹，包含着深刻的文化积淀、民族的心理情感、风俗习惯、审美观念及审美情趣，使人们的心理情感交流引发极强的亲和力，产生心灵的共鸣。新生的数字媒体艺术作品创作是在科技和工业的基础上发展起来的，在美学情感上缺乏文化基础，在内容和表现形式上有较大的局限，使人产生在文化遗传上的陌生和疏远。

数字媒体艺术只有在创作的表现过程中，不断地吸收不同文化，各学科领域的相互补充、借鉴，才是数字媒体艺术发展的根本，才能使创作的作品具有艺术性。结合民族的优秀传统文化和艺术形式是不断充实数字媒体艺术的魅力和生命力所在。所以，要用民族的文化艺术来丰富数字媒体艺术创作，以弥补数字媒体艺术创作中文化内涵的不足，将创作者所要表现的文化、情感或思想等运用熟练的计算机数码设计技术手段表现出来的作品，才能称得上是具有艺术性的。

艺术是人类以情感和想象力为特征把握和反映世界的一种特殊的方式，即通过审美创造活动再现和表现情感理想，在想象中实现审美客体的互相对象化。懂得了中国的美学思想，才能体现中国艺术的魅力。中国艺术发展的关键是在研究中国传统文化的基础上开辟新的艺术途径和新的技术。如果仅仅是停留在画笔和纸的阶段，是无法满足社会对数字媒体艺术人才的迫切需求，无法真正进入数字媒体艺术的世界。

人类正在迈向数字化时代，数字技术在冲刷着艺术形态的同时，也在被传统的艺术过滤着。就艺术发展而言，数字绘画虽然是数字时代一种重要的绘画方式，但是它依旧是艺术表现形式中的一种新的表现形式，它只有真正植根于传统绘画艺术土壤中，才可以得到真正的发展。

同时，数字媒体艺术应该动员高科技手段，进行内容创新，整合与提升各种人文资源，创造与开发新的市场需求，多方面提供现代文化产品，使传统的人文研究和文化事业向着适应中国特色社会主义的产业方向发展。

总之，现代的数字媒体技术与传统艺术的结合，极大地丰富了艺术的表现力，扩展了艺术表现的空间，数字媒体技术与传统艺术的沟通是必然之势。

五、常用软件

制作数码绘画一般会选择 Photoshop 和 Painter 两个软件。

1. Photoshop

Adobe Photoshop 是由 Adobe Systems 开发和发行的图像处理软件。Photoshop 主要处理以像素所构成的数字图像。使用其众多的编修与绘图工具，可以有效地进行图片编辑工作。在图像、图形、文字、视频、出版等领域，Photoshop 都有着广泛的应用，本书使用的是 Photoshop CS6 版本，如图 3-9 所示。

2. Painter

Painter 是数码素描与绘画工具的终极选择，是一款极其优秀的仿自然绘画软件，拥有全面和逼真的仿自然画笔。它是专门为渴望追求自由创意及需要数码工具来仿真传统绘画的数码艺术家、插画画家及摄影师而开发的。它能通过数码手段复制自然媒介效果，是同级产品中的佼佼者，获得业界的一致推崇。如图 3-10 所示。

图 3-9　Photoshop CS6 版本软件界面

图 3-10　Painter 软件界面

▶ 第二节　硬件设施的配置

一、显示器

21 寸至 23 寸的显示器是最适合绘画的尺寸，可以最直接清晰地显示出画面所需要的所有内容，并且是最适应人体眼球的。

二、主机

主机是电脑软件设计的核心后备设施，强大的 CPU 运算和高质量的显卡，是保证设计者得以施展自己能力的强大后盾。配置一台性能强大的能维持高效工作的电脑是非常重要的。

推荐配置：CPU：三代酷睿 I5 以上的高性能 CPU，保证高效的运算能力；
　　　　　　内存：4G 以上的内存；
　　　　　　硬盘：1TB 以上的硬盘；
　　　　　　主板：主芯片组为 Intel B85 以上；
　　　　　　电源：主动式台式机电源，额定功率在 500W 以上；
　　　　　　显卡：电脑软件绘画推荐使用 AMD HD7950 以上的显卡。

三、键盘

软件绘画必然会使用到很多快捷键，高灵敏度的键盘，会提高工作效率。

四、鼠标

在软件绘画的使用过程中，鼠标的使用频率并不高，但是鼠标也是需要的，而且灵敏度高，也会提高工作效率。

五、数位板

数位板是软件绘画必须使用的重要工具，它是实现手绘效果和体现设计者思想和表现能力的重要媒介。所有的游戏原画设计作品都是需要设计者通过数位板这样的手绘工具实现的。性能优异的数位板主要体现在有较高的触感度。这里推荐触感系数在2048以上的高新能数位板。

六、扫描仪（选用）

可以根据自己的工作性质和使用习惯配备扫描仪（A4大小的都适用）。

七、激光打印机（选用）

如果想印出手工稿般的效果，一定要使用激光打印机。如果已经使用电脑完稿，建议直接交电子文件输出，这样的效果最完美且不会因重复扫描而失真。

八、移动存储设备（选用）

可以用大容量U盘或者移动硬盘代替，便于将作品携带至别处进一步处理。

▶ 第三节　数位板的设置

在电脑中打开"控制面板"，单击打开"硬件和声音"选项，如图3-11所示。

在打开的面板中找到自己品牌的数位板设置选项并设置画笔和数位板硬件参数，如图3-12、图3-13所示。

图3-11　单击打开"硬件和声音"选项

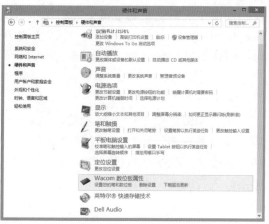

图3-12　选择数位板

单击"选项"可以进一步设置数位笔和数位板的参数，如图3-14所示。

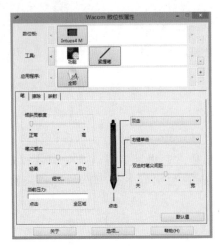

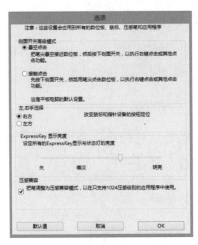

图 3-13 设置数位板参数　　　　　图 3-14 设置选项参数

▶ 第四节 Photoshop基础知识

本书使用的软件为 Adobe Photoshop CS6，这款软件在绘画界并不陌生，下面着重介绍一些在游戏设计过程中涉及的功能。如图 3-15 所示为软件界面。

1. 文件菜单

打开软件，在软件左上角是"文件"主选项，单击"文件"菜单将出现如图 3-16 所示的下拉菜单。

单击"新建"命令将弹出子选单，在其中可以设置项目的"名称"、"尺寸"、"分辨率"、"颜色模式"等。

在这里需要留意的有几点：（1）尺寸的单位，为了适应工作的需求，通常情况下单位选择"像素"，便于我们直接在所要使用的设备上进行实时对比。（2）分辨率是指相对像素尺寸内的清晰度。（3）颜色模式通常使用"RGB"就行了。如图 3-17 所示。

图 3-15 Photoshop CS6 界面

2. 编辑菜单

在"编辑"菜单中，经常使用的命令有"首选项"和"预设管理器"。在"预设管理器"中可以调整数位板灵敏度，可以根据自己习惯对不同品牌的数位板和压感系数进行调整。如图 3-18 所示。

图 3-16　文件菜单

图 3-17　新建对话框

图 3-18　编辑菜单

　　单击"首选项"下拉子菜单中的"性能"子选项，如图 3-19 所示，将弹出首选项设置对话框，在其中主要调整倒退的步数，可以根据自己电脑的内存和性能进行调整，推荐将倒退步数调整到最大，便于进行大范围的修改。如图 3-20 所示。

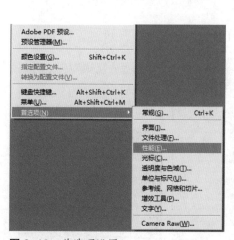

图 3-19　首选项设置

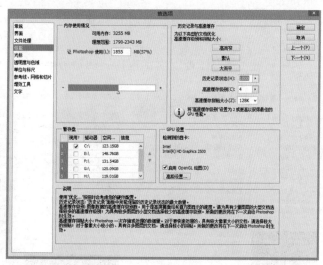

图 3-20　首选项设置

　　在"首选项"菜单的"常规"子菜单中，可以根据自己的操作习惯来勾选一些快捷操作，如图 3-21 所示。

　　新建好一个文件后，在非工作区域里单击右键，将会弹出辅助桌面的色彩选单。可以根据自己的眼睛适应度来选择适合的色彩，如图 3-22 所示。

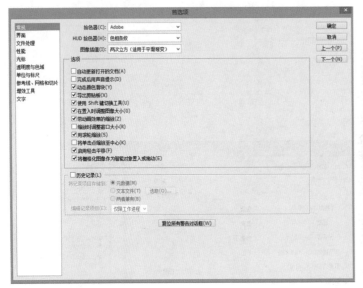

图 3-21 首选项设置

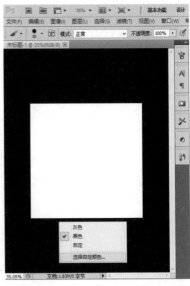

图 3-22 界面设置

3. 图像菜单

"图像"菜单是在游戏原画设计过程中使用频率较高的主选单，其中的"模式"是选择显示色彩的地方，在设计游戏原画时勾选"RGB 颜色"和"8 位 / 通道"就可以了，如图 3-23 所示。

"调整"命令的使用频率很高，其中的"亮度 / 对比度"命令就是最常用的调整项，如图 3-24 所示。

在"亮度 / 对比度"对话框中，可以根据实际使用情况进行调整，如图 3-25 所示。

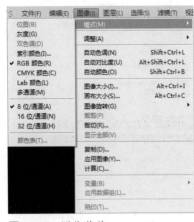

图 3-23 图像菜单

图 3-24 调整命令

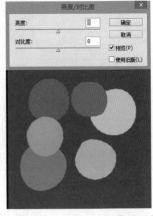

图 3-25 亮度 / 对比度对话框

"色阶"命令的使用频率相对较低，主要是对色彩进行整体调整，如图 3-26 所示。

打开"色阶"命令后，可以通过操作面板上的几个小"三角"，对图像色彩进行调整，如图 3-27 所示。

"曲线"命令可以对整体色彩进行调整，调整效果比较强烈，如图 3-28 所示。

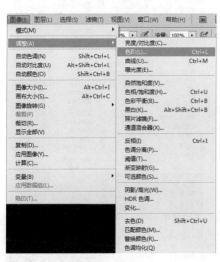
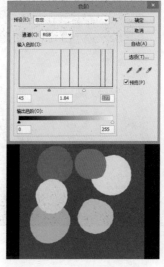
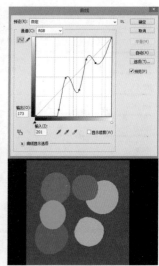

图 3-26　色阶命令　　　　　图 3-27　色阶对话框　　　　图 3-28　曲线对话框

　　"自然饱和度"命令主要从两个方向调整色彩饱和度，其中的"自然饱和度"主要侧重保留原有色彩感受。而"饱和度"则是单纯地调整一项系数，调整后色彩比较死板，如图 3-29 所示。

　　在"色相／饱和度"命令中有三项系数可以调整，其中的选项和色彩拾色器里的"HSB滑块"的系数相同，如图 3-30 所示。

　　"色彩平衡"命令主要侧重于对单项色相的调整，如图 3-31 所示。

　　"黑白"命令可以完成"有色素描"或纯粹素描的效果，如图 3-32 所示。

　　"去色"命令的功能类似于直接将饱和度降为"0"的效果，在去色后只留下色彩的明度系数，如图 3-33、图 3-34 所示。

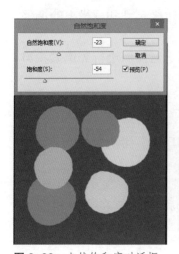
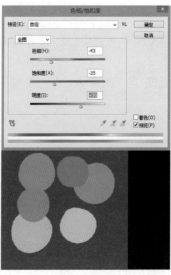
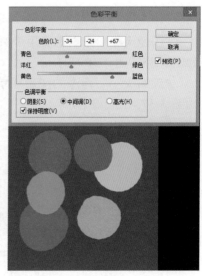

图 3-29　自然饱和度对话框　　图 3-30　色相／饱和度对话框　　图 3-31　色彩平衡对话框

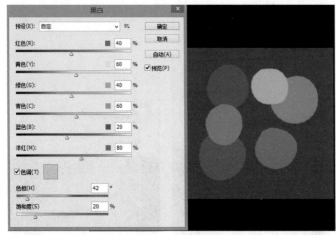

图 3-32　黑白对话框　　　　　　　　　　　图 3-33　去色命令

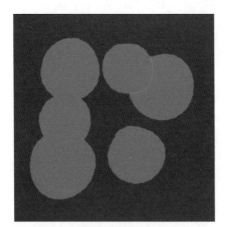
图 3-34　去色后的效果

图 3-35　选择图像大小命令

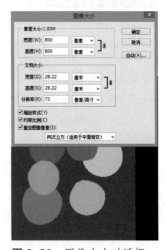
图 3-36　图像大小对话框

　　"图像大小"命令主要用于对图像清晰度的调整，或者说对边缘尺寸和分辨率的调整，如图 3-35、图 3-36 所示。

　　"画布大小"命令的使用频率要低于"图像大小"，主要用于对图像进行等像素裁剪，如图 3-37、图 3-38 所示。

4. 功能窗口

　　下面主要介绍功能窗口，包括颜色、导航器、图层以及"HSB"滑块，也就是色相、饱和度、明度三大色彩系数。如图 3-39、3-40 所示。

　　"导航器"主要用于查看自己屏幕显示的是整个图片的哪个位置，便于在刻画细节时区分主次关系，如图 3-41 所示。"图层"面板可以用于显示和新建图层，如图 3-42 所示。

　　"图层"上有很多"眼睛"的图案，表示该图层是否可见，如图 3-43 所示。

　　在每一个图层上，都可以改变图层的属性，如图 3-44 所示，其效果如图 3-45~3-54所示。

图 3-37　画布大小命令

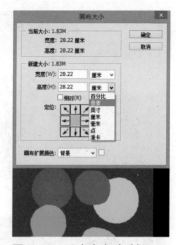

图 3-38　画布大小对话框

图 3-39　颜色面板

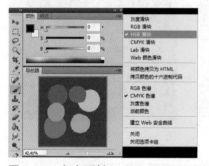

图 3-40　颜色面板

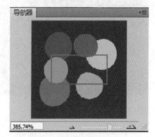

图 3-41　导航器面板

图 3-42　图层面板

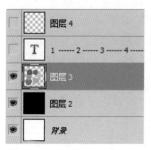

图 3-43　图层

图 3-44　图层

图 3-45　正常

图 3-46　变暗

图 3-47　正片叠底

图 3-48　滤色

图 3-49　叠加

图 3-50　强光

图 3-51　实色混合

图 3-52　差值

图 3-53　划分

图 3-54　颜色

5. 工具面板

"工具面板"包括：(1) 移动工具；(2) 矩形选区工具；(3) 套索工具；(4) 魔棒工具；(5) 裁剪工具；(6) 拾色器；(7) 污点修复画笔工具；(8) 画笔工具；(9) 仿制图章工具；(10) 历史记录画笔工具；(11) 橡皮擦工具；(12) 油漆桶工具；(13) 涂抹工具；(14) 减淡工具；(15) 钢笔工具；(16) 文字工具；(17) 路径选择工具；(18) 形状工具；(19) 抓手工具；(20) 缩放工具；(21) 前景色 / 背景色切换；(22) 前景色 / 背景色；(23) 以快速蒙版模式编辑，如图 3-55 所示。

首先详细介绍几个选区工具，第一种是固定形状选区工具，比如"矩形选区"和"圆形选区"两种，如图 3-56、图 3-57 所示。

    "套索工具"也是创建选区的一种工具，它具有较强的灵活性，选区范围非常灵活多变，可以根据自己的需求手动描绘选取的轮廓，如图 3-58 所示。

    "魔棒工具"可以快速选择一个色彩范围内的区域或者空白区域，如图 3-59 所示。

    "画笔工具"在"窗口"主选单里面，找到"画笔"再打开子菜单后，如图 3-60 所示，将出现一个"画笔"控制的界面，在这里可以设置和选择自己需要的画笔笔刷，如图 3-61 所示。

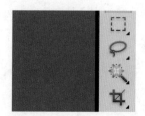

图 3-56   矩形选区   图 3-57   矩形选区

图 3-55   工具面板   图 3-58   套索工具的使用   图 3-59   魔棒工具的使用   图 3-60   选择画笔

    选择"画笔工具"后，在软件主界面的左上角处可以打开预览的笔刷，在其中可以选择需要的画笔笔刷，如图 3-62 所示。在选项栏中可以调整画笔的属性，不同画笔属性，在有内容的部分，可以绘制出不同的色彩效果，如图 3-63 所示。

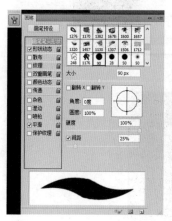
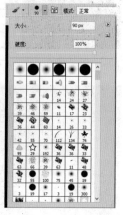

图 3-61   画笔工具的使用   图 3-62   选择画笔笔刷   图 3-63   画笔工具选项设置

　　"橡皮擦工具"是修正图形图像的常用工具，如图 3-64 所示。在同样选择和调整画笔工具的画笔处，也可以对橡皮擦工具的"画笔"进行调整。这样橡皮擦就能大范围地发挥功效，如图 3-65 所示。

　　"涂抹工具"的使用方式区别于"画笔工具"和"橡皮擦工具"，它能够快速传达色彩感受，如图 3-66、图 3-67 所示。

　　在"涂抹工具"的模式中根据自己需要的方式进行调整，可以得到意想不到的效果，如图 3-68 所示。

　　"减淡工具"和"加深工具"在强调体积感的时候，使用比较多。如图 3-69 所示。

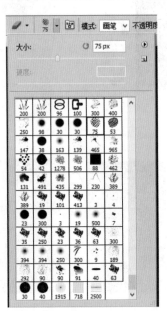

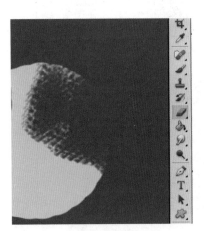

图 3-64　橡皮擦工具

图 3-65　设置橡皮擦工具的画笔

图 3-66　涂抹工具

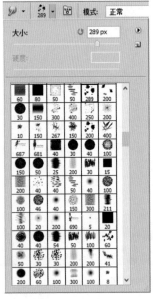

图 3-67　涂抹工具

图 3-68　涂抹工具

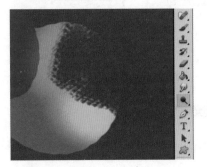

图 3-69　减淡工具

　　"形状工具"在制作特殊产品时候，如"UI"设计的按钮等时使用频率较高，在"形状工具"功能栏中可以选择很多现成的图案直接进行设计加工，如图 3-70、图 3-71 所示。

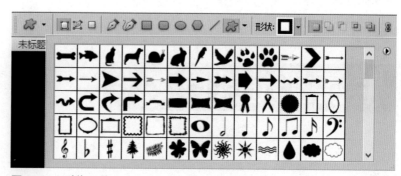

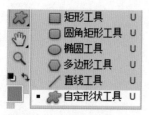

图 3-70　形状工具　　　　　图 3-71　形状工具

习题

1. 简述电脑绘画的概念。
2. 根据本章所学知识，完成数位板的设置。

第四章

生活类道具设计

▶ 第一节　生活道具设计概述

生活类道具在每一个游戏里都会涉及，它是游戏美术设计环节中不可缺少的部分。

生活类道具的设计主要是以"二次创新"为主。所谓"二次创新"就是在现有的、人们已经认知的道具基础上进行小部分的改进，使道具在美术及视觉效果上有所变化，当然，这种变化不能改变人们对其原有概念的认识。

例如，在设计一个药瓶时，首先要保证让玩家看到这个"东西"时，第一反应是"这是一个药瓶"，而不是面包、钱币等其他完全不沾边的物品。在创意时一定要坚守一个原则，即所设计的产品是人们生活意识里面已经形成固定思维的形象。

在进行生活类道具设计时，还会出现第二种情况，即重新创造新的物品。在设计这一类道具时，需要根据策划案里的描述或者游戏故事本身的设定来创作，这类物品在形象上可以稍微地夸张一些。但是从物品使用的角度来讲，无论怎么设计与变化，总的原则就是要让玩家在最短的时间内理解并且记住。

一、生活类道具的简单分类

按照在游戏中的功能划分，生活类道具可分为装饰类、使用类、任务类和补给类。

1. 装饰类

在游戏中主要以角色的帽子、饰品等为主，同时能够增强角色防御方面的属性。如图 4-1 所示。

图 4-1　装饰类道具

2. 使用类

在游戏中凡是通过使用能够获得某些新的道具或者增减益效果的物品都可以称为使用类道具，如宝箱、技能书、材料、经验卡、双倍卡等。如图 4-2 所示。

3. 任务类

在游戏中凡是为了完成某项任务所必需的道具为任务类道具，如任务卡、书信和钥匙等。如图 4-3 所示。

图 4-2 使用类道具

  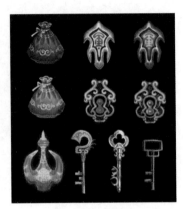

图 4-3 任务类道具

4. 补给类

在游戏中凡是能够提高或恢复角色体力、魔法等并且使用后就消失的物品都可以称为补给类道具。如图 4-4 所示。

图 4-4 补给类道具

二、生活类道具的装饰方法

生活类道具的装饰可以依据装饰的顺序设计、主题化设计、图案层次、装饰符号以及质感 5 个方面进行设计。

1. 装饰的顺序设计

首先按道具的轮廓形状设计，然后添加装饰，最后丰富细节。这种顺序设计既美观，又在形体部件之间形成良好的承接关系。如图 4-5 所示。

2. 主题化设计

是指将设计性文字转化成可以观赏的图案，传达出策划师的意图。首先要确定道具的使用者——游戏角色是谁，他的善恶面、职业属性。玩家选定角色时，对道具有了一定的定位或期盼值。他希望看

图 4-5　装饰的顺序设计

到的道具赋予角色的意义——光明或黑暗、正义或邪恶，所以道具一定要主题化。如图 4-6 所示。

图 4-6　主题化设计

3. 图案的层次

图案的层次设计体现在以下方面：一是具备象征意义的装饰符号；二是具备功能意义的装饰符号；三是纯粹起装饰作用的符号。图案的层次还包括装饰符号色彩上的层次，按照色彩的冷暖、纯度和明度等把装饰的层次表达出来。如图 4-7 所示。

图 4-7　层次设计

4. 装饰符号

可以将很多飞禽走兽的形体、头、爪等抽象化，并以抽象的符号装饰在道具上，所使用的抽象符号的生物形象一定要和角色的职业特征和属性相配合。抽象装饰符号往往带有几种倾向，首先是抽象符号在功能上和视觉上力量化的统一，装饰符号既是某种抽象符号同时在功能上又是释放力量的关键。其次是抽象符号的邪恶或正义化。刚直硬朗的轮廓线条往往能展示道具的正义，而弯曲琐碎的外轮廓的曲线总给人邪恶或诡秘的感觉。如图 4-8 所示。

图 4-8 符号化设计

5. 品质化设计

一件道具可以展示尘封在武器中的英雄辉煌的历史。随着英雄经验值的提高，其所使用的武器的性能也随着提升，那么它就会展示锋利和速度的一面。设计师在体现锋利和速度时首先要处理好受光面和明暗交界线的对比度，反差越大，表现得就越锋利，尤其是攻击性的道具，在制作时这一点十分重要。反映人物外表和个性的正是装备道具，一件独特的装备是玩家在游戏中张扬个性、展示自我的重要渠道。装备道具要具备属性设定和数值设定，在美术设计上应够"炫"、够"酷"，品种要多。如图 4-9 所示。

图 4-9 品质化设计

▷ 第二节　鎏金琉璃宝瓶

　　鎏金琉璃宝瓶是指琉璃做的瓶子，一般通体透明，流光溢彩，可以带来一种独特的美感。琉璃瓶一般用来装美丽的糖果或做装饰用。

　　鎏金琉璃宝瓶属于器皿类的道具，器皿类道具在游戏中的使用频率很高，它可以作为装饰性的艺术品、有实际使用价值的药瓶，还可以作为组合和收集的素材。总之，千奇百怪的使用方式决定了它在生活类道具中的重要性。

　　在设计之前，首先需要了解和明白这个道具设计的目的和基本的设计需求。例如，这是一个什么样的瓶子，有什么作用，有什么特征等。每一个原画设计师，都需要在脑中大概勾勒出这个道具的大致形态以及各部分的材质。在最初构想完成后，就可以根据设计需求寻找一些参考图片。

　　参考图片有助于设计者节省对细节的硬性思考时间。如图 4-10 所示为绘制鎏金琉璃宝瓶的参考图片，通过这些图片，可以对整个宝瓶的形态和各部分的材质有大致的了解，在绘制过程中，就可以尽量地节省不必要的思考时间。结合设计参考图片带给我们的各种美术形象，设计者就可以根据这些实际素材进行二次创作。

①　　　　　　　　　②　　　　　　　　　③

④　　　　　　　　　⑤　　　　　　　　　⑥

图 4-10　造型与材质参考图

图 4-10　造型与材质参考图（续）

设计思路

（1）按照设计文本需求，寻找合适的各类材质与造型的参考图片，注意在造型设计上留意一些可以直接使用的立体造型的参考。

（2）绘制草图，确定大体轮廓的造型，注意在轮廓设计的时候强调一下构图。

（3）绘制黑白稿，丰满体积感，注意留意明暗交界线和确定光源方向。

（4）刻画黑白稿，注意由纯素描入手的技巧，侧重素描的基础构思。

（5）叠加色彩，从固有色入手，再扩展为环境色，注意色调的柔和性。

（6）根据材质的区分，进行深度刻画，注意光源在各部分的影响。

（7）简单背景与氛围的塑造。

鎏金琉璃宝瓶的效果图如图 4-11 所示。

1　打开 Photoshop CS6 软件，单击"文件"→"新建"命令建立一个新的项目，如图 4-12 所示。

图 4-11　鎏金琉璃宝瓶效果图

2　根据需要制定好尺寸。在"新建"对话框中调整宽度、高度和分辨率。通常情况下使用的单位是"像素"，如图4-13所示。建立新文件后，选择画笔工具，在右上角有一个"笔"状的图形按钮，单击"笔"状的图形按钮右边的小三角，在弹出的下拉菜单中可以选择各种画笔，如图4-14所示。

图4-12　新建文件　　　　　图4-13　新建文件参数设置　　　　图4-14　画笔参数调整

3　新建一个图层，使用油漆桶工具将该图层涂黑，然后降低该图层的透明度。这样做是为了在绘制彩图和其他部分的时候有一个底色可以衬托，单纯的白色看久了对眼睛有一定的伤害，对色彩的判断有一定的影响，如图4-15所示。

4　建议大家在灰色的底布上作画，有助于对眼睛的保护和对色彩的准确控制。开始勾勒最初的线稿。此部分要注意主体造型的构图效果。线稿要求表达清楚主体部分的结构和层次。清晰的主体层次有助于后期上色和修改造型的结构。如图4-16所示。

图4-15　新建图层　　　　　　　　图4-16　勾勒线稿

⑤ 在工具栏中找到魔棒工具，如图 4-17 所示，使用魔棒工具在该线稿图层的空白处单击，图层中将出现缓缓移动的蚂蚁线，在蚂蚁线范围内的图像属于被魔棒工具选中的部分，如图 4-18 所示。

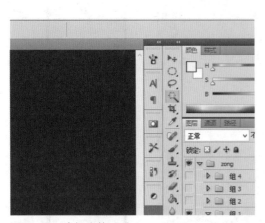

图 4-17　选择魔棒工具

图 4-18　绘制选区

⑥ 使用 "Ctrl+Shift+I" 键进行反选，蚂蚁线的范围换为之前没有选中的部分，也就是即将使用的主体部分，如图 4-19 所示。接下来进行粗略的黑白稿绘制，将笔刷替换掉，或者使用改变笔刷的直径、降低不透明度等手法调整笔刷的效果。黑白稿要注意确定光源的位置，然后根据光源的方向调整亮部和暗部。反复试验后选择自己喜欢的绘画效果。如图 4-20 所示。

图 4-19　绘制选区

图 4-20　手绘素描效果

⑦ 粗略的黑白稿绘制完成后，准备开始第一次刻画，选择较细较硬边缘的画笔，如图 4-21 所示。也可以在画笔编辑器中，根据自己的喜好和绘画习惯调整画笔的笔触形状等相关参数，如图 4-22 所示。

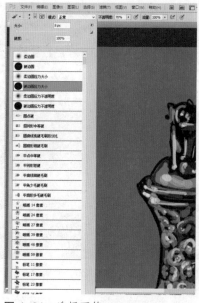

图 4-21　选择画笔

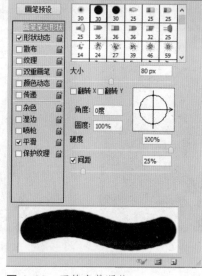

图 4-22　画笔参数调整

8　根据之前找到的参考图片刻画狮子，在那个形象上先进行临摹，再根据设计的要求调整与修改。然后大致地雕琢出狮子的各部分形态与前后关系。刻画的时候注意光源对主体部分的影响。将明暗交界线找出来，以此来调整黑白关系。如图 4-23、图 4-24 所示。

9　狮首是刻画的重点，刻画时要注意它的表情，凡是拟人化的动物或者神物都要求在表情上进行一定程度的刻画，这样拟人的效果才能体现出来。无论怎么设计与变化，狮子形象本身还是需要维持一种严肃的感觉。如图 4-25、图 4-26 所示。

图 4-23　刻画狮子

图 4-24　狮子绘制

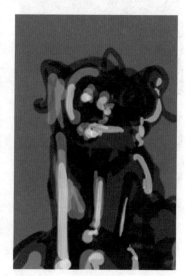

图 4-25　绘制狮首

10　刻画瓶颈的云纹。在刻画时要留出前后深浅的层次感，如图 4-27、图 4-28 所示。

图 4-26　绘制狮首

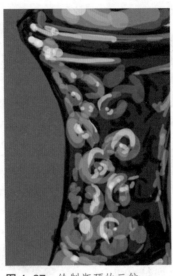

图 4-27　绘制瓶颈的云纹

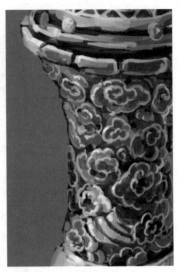

图 4-28　绘制瓶颈的云纹

11　瓶颈部分是金属材质的，所以需要注意金属光泽的特性。由于不同的受光效果，两部分的素描关系是不同的。如图 4-29、图 4-30 所示。

12　瓶身的上半部分是设计的琉璃材质，在刻画的时候要注意先刻画成实体的感觉，这样后期可以用色彩来渲染琉璃的光效。随着造型的变化，明暗交界线的走向也在变化，先从整体上着手整理，再在各部分的小细节上一点一点去刻画，如图 4-21、图 4-32 所示。

图 4-29　绘制金属材质

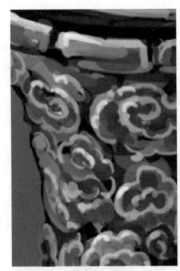

图 4-30　绘制金属材质

图 4-31　绘制玻璃材质

13　朱雀的神态要严肃，因为这个宝瓶上的所有兽首都是有神态和一定情绪表达的。同时注意金属材质的光泽与前后体积关系的刻画。由于整体在受光面部分，所以整体的黑白关系是偏向亮色的。如图 4-33、图 4-34 所示。

14　兽面是在一个曲面上，所以刻画的时候不要太过于强调兽面本身的体积，一定要谨记这是瓶腹部的部分。兽面是蒙在瓶子腹部的，要留意这是一个大的曲面。由于整体在受光面部分，所以整体的黑白关系是偏向亮色的。如图 4-35、图 4-36 所示。

图4-32　绘制玻璃材质

图4-33　绘制朱雀兽首

图4-34　绘制朱雀兽首

15　足部的刻画注意保持坚硬的感觉。花纹不要太过于繁杂。小的体积也要注意前后的变化。如图4-37、图4-38所示。

图4-35　绘制兽面

图4-36　绘制兽面

图4-37　绘制足部

16　后足的黑白对比度不要强于前足，保持整体的前后主次关系的明确。在素描关系上，后足也是受光面大于背光面的，所以需要提高整体亮度，如图4-39、图4-40所示。

17　右边朱雀的刻画精细度要高于左边，因为在画面上，这一侧的组建部分要靠近画面前端一些，这样前后的关系才能体现。在素描关系上，这部分也是受光面大于背光面的，所以需要提高整体亮度，如图4-41、图4-42所示。

18　第一次黑白稿就绘制完成了，如图4-43、图4-44所示。

19　使用魔棒工具选择刻画好的主体，如图4-45所示。

图 4-38　绘制足部

图 4-39　绘制后足

图 4-40　绘制后足

图 4-41　绘制右边的朱雀

图 4-42　绘制右边的朱雀

图 4-43　黑白稿效果

图 4-44　黑白稿效果

图 4-45　选择主体

20　打开画笔选择栏，选择柔性边缘的画笔，如图4-46所示，打开拾色器，在其中选择各部分的固有色，如图4-47所示。

21　新建一个图层，并将该图层的属性改为"叠加"，如图4-48所示。接下来就可以大致地绘上固有色。可以根据初始设计，在颜色选择上趋向于一种色系。如图4-49所示。

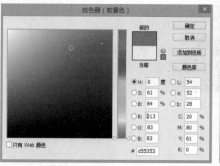

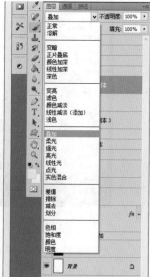

图4-46　选择画笔　　　　　图4-47　选择色彩　　　　　图4-48　设置图层属性

22　对该图层单击右键，在弹出的下拉菜单中选择"复制图层"命令复制刚才绘制的叠加图层，如图4-50所示。在两层叠加的基础上调整效果。如图4-51所示。

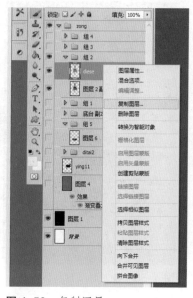

图4-49　绘制色彩　　　　　图4-50　复制图层　　　　　图4-51　调整效果

23　在图像栏中单击"调整"→"自然饱和度"命令，如图4-52所示。调整图像的饱和度，如图4-53所示。

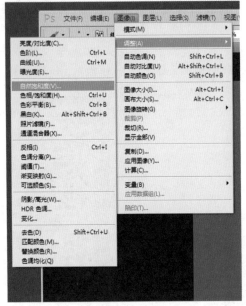

图 4-52 选择自然饱和度命令　　　　　图 4-53 调整自然饱和度

24 下面主要是将材质的折旧感做出来。要体现受光面与背光面的色彩变化，应尽量在冷暖上有所区别，因为主体部分是靠近暖色调，所以背光部分可以加入一些冷色。如图 4-54、图 4-55 所示。

25 选择工具栏里的减淡工具和加深工具，如图 4-56 所示，在受光面和中间调部分进行调整。强调整体的黑白关系，背部可以添加一些冷色。如图 4-57 所示。

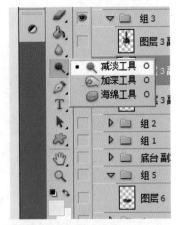

图 4-54 绘制材质的折旧感　　　图 4-55 绘制材质的折旧感　　　图 4-56 选择减淡工具

26 使用加深工具和减淡工具加强这部分的体积感，如图 4-58 所示。使用减淡工具制作初步的光效效果，如图 4-59 所示。

27 制作做旧的古铜质感，如图 4-60 所示。光效要注意前后层次，如图 4-61 所示。

图 4-57　调整受光面和中间调　　图 4-58　加强体积感　　图 4-59　制作光效

图 4-60　制作做旧的古铜质感　　图 4-61　光效设计

28　在主菜单栏中单击"滤镜"→"液化"命令，如图 4-62 所示。在这里选择第一个手指按钮，然后进行局部细微的造型调整，如图 4-63 所示。

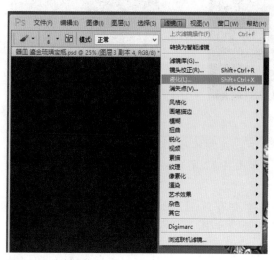
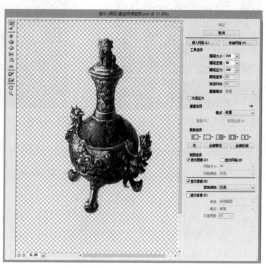

图 4-62　滤镜使用　　　　　　　图 4-63　滤镜使用

29 调整后的效果如图 4-64 所示,然后选择画笔并调整画笔的属性,如图 4-65 所示。

30 强化狮头的质感,如图 4-66 所示。背后的反光如图 4-67 所示。

图 4-64 调整后的效果

图 4-65 画笔使用与参数调整

图 4-66 强化狮头的质感

31 正光源的光源色如图 4-68 所示,反光源的光源色如图 4-69 所示。

图 4-67 反光

图 4-68 正光

图 4-69 反光

32 琉璃的透光感和光线走向如图 4-70 所示。左侧朱雀的整体效果如图 4-71 所示。

33 细微处也用一些反光色来衬托体积,如图 4-72 所示,前足部的反光不要太强,如图 4-73 所示。

34 反光色面积一定要控制好,前后的强度要有区别,如图 4-74 所示,琉璃部分的光感要有前后差别,这样才能保持较好的体积感,如图 4-75 所示。

35 主体效果基本完成,如图 4-76 所示。在底层新建一个图层并选择混合选项为"渐变叠加",如图 4-77 所示。

图4-70　琉璃的透光感

图4-71　左侧朱雀的效果

图4-72　细节调整

图4-73　前足部调整

图4-74　反光色面积

图4-75　光感设计

36　在这个子面板上改变混合模式为"正片叠底"并选择颜色，如图4-78所示，单击小色块打开色卡，进行进一步的细致选择，如图4-79所示。

图4-76　主体效果

图4-77　新建图层

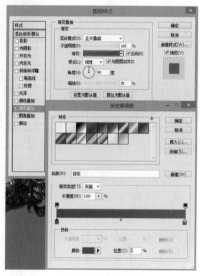

图4-78　设置混合模式

37 将地面颜色设置为深色渐变，如图 4-80 所示。图层面板如图 4-81 所示。

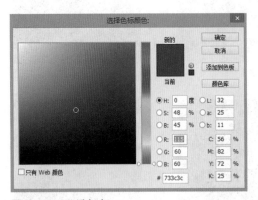

图 4-79 设置颜色　　　　　　　　　　　　　　图 4-80 设置颜色

38 下面制作一个地台，首先画好一个圆圈，如图 4-82 所示，然后打开混合选项，如图 4-83 所示。

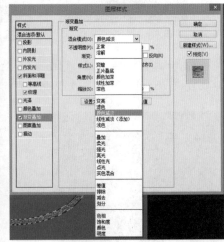

图 4-81 图层面板　　　　图 4-82 图形选区　　　　图 4-83 图层样式

39 在图层样式中选择斜面浮雕效果并自由改变色彩，如图 4-84 所示。打开纹理面板，选择自己喜欢的样式，如图 4-85 所示。

40 使用同样的方式再制作一个竖立的台壁，注意将色彩渐变的角度调整为 0 度，如图 4-86 所示。基本造型就出来了，如图 4-87 所示。

41 重复刚才的步骤，完成整体台面的制作，如图 4-88 所示。然后选择特殊笔尖的画笔，如图 4-89 所示。

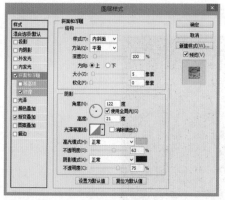

图 4-84　选择斜面浮雕效果

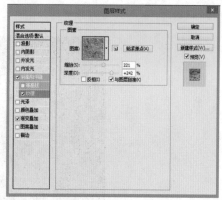

图 4-85　选择纹理样式

图 4-86　图层样式

图 4-87　基本样式

图 4-88　整体台面

42　制作一个绒布的台面，注意前后受光面与暗部投影效果的变化，如图 4-90 所示，在台壁上再点缀一个铭牌，如图 4-91 所示。

图 4-89　选择画笔

图 4-90　制作绒布台面

图 4-91　点缀铭牌

43 鎏金琉璃宝瓶就制作完成了。效果如图 4-92 所示。

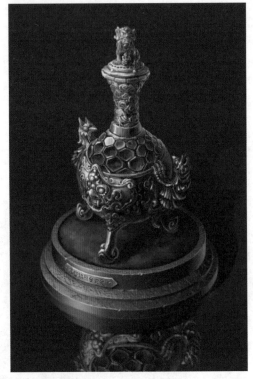

图 4-92 最终效果

▶ 第三节 蓝宝石戒指

饰品类的道具在生活道具设计中也是重点，这一类道具的使用频率很高，尤其是在 RPG 或者 ARPG 类的游戏中不可或缺。

在人们正常的生活中有很多的饰品，从远古时代就有相应的装饰作为人类文明的标志。在设计时可以根据需求，将生活中的实物直接照搬过来，然后在此基础上做出一些简单的变化就可以了。

（1）按照设计文本需求，寻找关于戒指造型的的材质与造型参考图片，注意点缀物的设计参考。

（2）绘制草图，强调一下构图与疏密关系。

（3）绘制黑白稿，丰满体积感，注意留意明暗交界线和确定光源方向。

（4）刻画黑白稿，侧重素描的基础构思，注意纹理的疏密关系。

（5）叠加色彩，从固有色入手，注意色调的统一性。

图 4-93 蓝宝石戒指效果图

（6）根据材质的区分，进行深度刻画，注意光源在各部分的影响。

（7）简单背景与氛围的塑造。

蓝宝石戒指的效果图如图4-93所示。

☐1 筛选了一些有代表性的参考图，如图4-94所示。

图4-94　造型与材质参考图

☐2 在Photoshop CS6中新建一个文件，如图4-95所示，然后新建图层，涂黑后降低不透明度，如图4-96所示。

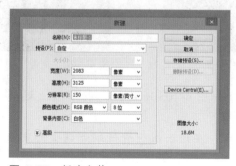

图4-95　新建文件

图4-96　新建图层

3　绘制粗略的线稿。在构图上尽量饱满一些，注意主次关系和疏密关系的调配，如图 4-97 所示。然后使用魔棒工具反选主体，如图 4-98 所示。

4　选择湿海绵画笔，如图 4-99 所示，绘制粗略的黑白样稿，主要表达体积感和前后关系。确定好光源后，将素描关系整理出来，如图 4-100 所示。

图 4-97　绘制线稿　　　　图 4-98　反选主体　　　　图 4-99　选择画笔

5　进入第一阶段的刻画，描绘出大概的体积与花纹的走向，如图 4-101 所示。宝石面额设计可以大胆一些，如图 4-102 所示。

图 4-100　确定光源　　　　图 4-101　刻画图形　　　　图 4-102　刻画宝石的面额

6　为金属部分做出大致的光源走向，如图 4-103 所示，完成第一次刻画，如图 4-104 所示。

7　选择液化滤镜命令，如图 4-105 所示，在该面板上进行细部调整，重点注意透视关系，如图 4-106 所示。

图 4-103　光源设置

图 4-104　第一次刻画效果

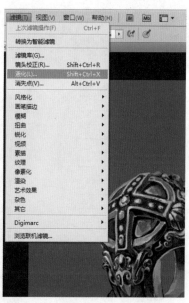

图 4-105　滤镜使用与参数调整

8　使用魔棒工具选择主体，如图 4-107 所示，然后新建图层并改变图层属性，如图 4-108 所示。

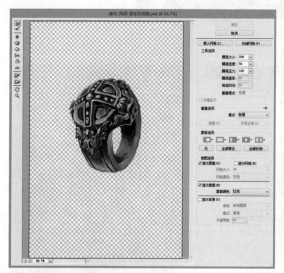

图 4-106　调整细部

图 4-107　选择主体

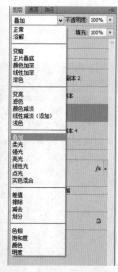

图 4-108　新建图层并改变图层属性

9　选择柔边圆压力大小画笔，如图 4-109 所示，然后打开拾色器选择固有色，如图 4-110 所示。

10　固有色不要太多色相选择，在用色上注意把握主要的色彩感受，这里选择暖灰色调，如图 4-111 所示，然后复制两个图层。

11　单击并合并两个图层，如图 4-112 所示，再使用"加深工具"或者"减淡工具"对明暗进行调整，如图 4-113 所示。

图 4-109　选择属性

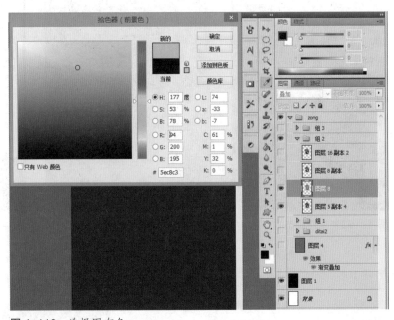

图 4-110　选择固有色

图 4-111　色彩调整

图 4-112　合并图层

图 4-113　调整明暗关系

12　打开画笔预设，选择载入画笔，如图 4-114 所示，在打开的对话框中找到想要的画笔，如图 4-115 所示。

13　将类表选项勾选为小略缩图，找到想要的画笔笔尖，如图 4-116 所示。选择刚刚载入的画笔，如图 4-117 所示。

图 4-114　选择载入画笔　　　　　　　　　　　图 4-115　选择画笔

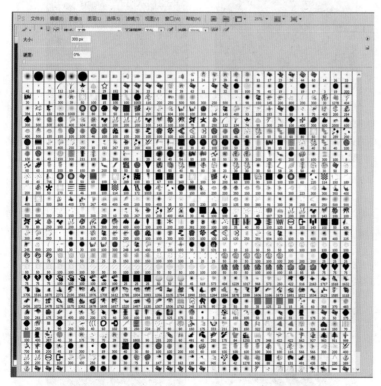

图 4-116　画笔笔尖

图 4-117　选择载入的画笔

14　现在进入第二阶段的刻画，这里注意宝石的透光度，钻石之类小东西的光效果，主要集中在反光上，反光的位置位于收光的高光相对位置，如图 4-118 和图 4-119 所示。

15　金属部分的光源色与反光色要有冷暖感受的差别，如图 4-120 和图 4-121 所示。

16　雕文部分注意转折处明暗交界线的处理，如图 4-122 和图 4-123 所示。

图 4-118　光线变化

图 4-119　光线变化

图 4-120　光源色

图 4-121　反光色

图 4-122　雕文处理

图 4-123　雕文处理

17　完成整体刻画后再用叠加属性的画笔刷一下光源，如图 4-124 和图 4-125 所示。

18　制作背景和台面，如图 4-126 和图 4-127 所示。

图 4-124　色彩变化

图 4-125　色彩变化

图 4-126　制作台面和背景

19　选择一种特殊画笔，然后改变画笔属性为"线性减淡（添加）"，如图 4-128 所示。在石头转折处进行深度的刻画，如图 4-129 和图 4-130 所示。

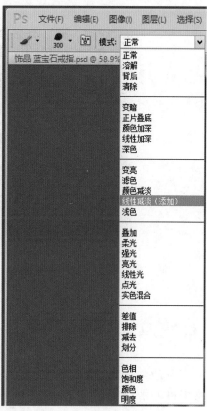

图 4-127　制作台面和背景　　　　　　图 4-128　选择画笔并改变画笔属性

20　后面暗部对比度不要拉开得太大，如图 4-131 和图 4-132 所示。

图 4-129　刻画石头转折处　　　图 4-130　刻画石头转折处　　　图 4-131　暗部对比度

21　宝石戒指就制作完成了，如图 4-133 所示。

图 4-132　暗部对比度

图 4-133　最终效果图

◉ 第四节　翡翠鲤鱼

雕饰类道具通常作为特殊道具在游戏中使用，雕饰的设计理念一般不会太浮夸，其使用目的是增加一些参数效果。在设计时，可以根据策划案的要求，在造型和用色上有些变化即可。

设计制作思路

（1）按照设计文本需求，寻找翡翠的材质及相关的其他玉质饰品参考图片，注意光泽感的设计。

（2）根据参考设计绘制草图，注意动态的张力与疏密关系。

（3）填充底色，设计细节的各部分范围分布。

（4）开始叠加色彩，区分固有色。

（5）深入色彩叠加，注意强调材质的光线折射反应。

（6）进行深度刻画，注意细节的轻重缓急，保留一定的造型节奏。

（7）简单背景与氛围的塑造。

翡翠鲤鱼的效果图如图 4-134 所示。

1 翡翠一般分为红翡翠和绿翡翠，如图 4-135 所示为参考材质与造型。

图 4-134　翡翠鲤鱼效果图

① ② ③

④ ⑤ ⑥

⑦ ⑧ ⑨ ⑩

图 4-135 参考材质与造型

2 在 Photoshop CS6 中新建项目，确定尺寸和分辨率，如图 4-136 所示，选择一种画笔，如图 4-137 所示。

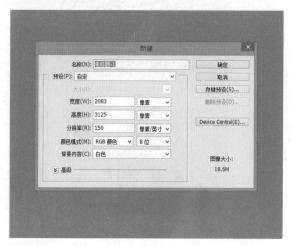

图 4-136 确定尺寸和分辨率

图 4-137 选择画笔

3 绘制草图，注意侧重鲤鱼的动态与水花形成的大的整体造型轮廓。在大的构图上选择使用圆形构图，这类构图适合饰品这样的器物。注意鲤鱼脊椎的走向，如图 4-138 所示。使用魔棒工具选中工作区，打开拾色器并使用油漆桶工具填充底色，如图 4-139 所示。

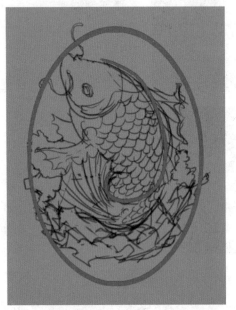

图 4-138 绘制草图

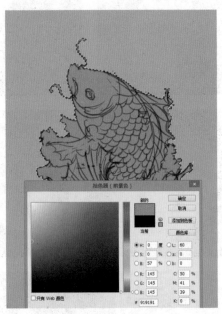

图 4-139 填充底色

4 先改变画笔属性为"叠加"，如图 4-140 所示，然后打开拾色器选择主色调用色。如图 4-141 所示。

图 4-140 改变画笔属性

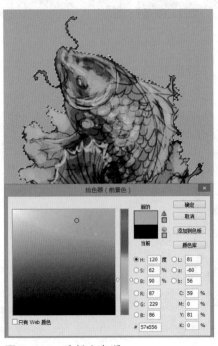

图 4-141 选择主色调

⑤ 使用色彩来描绘黑白关系时要注意确定光的方向。由于是透明器物，所以要强调特殊反光，绘制完整体色泽后，让绿翡翠的感觉出来一点，如图4-142所示，再次改变画笔属性为"颜色"，如图4-143所示。

⑥ 打开拾色器选择红翡翠的橘红色，如图4-144所示。将两种翡翠效果大致描绘出来，为刻画打基础，注意红色与绿色交界的色彩融汇区，色彩的过渡要柔和，不能太死板，如图4-145所示。

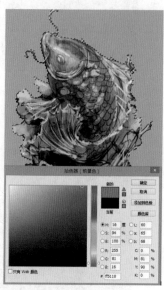

图4-142 绘制整体光泽   图4-143 改变画笔属性   图4-144 选择色彩

⑦ 在刻画头部时要注意翡翠材质的特性，重点是对光效的刻画，如图4-146、图4-147所示。

图4-145 色彩效果   图4-146 头部刻画   图4-147 头部刻画

⑧ 鱼鳞部分的刻画是比较烦琐的，但是不要去复制粘贴，要一个一个刻画，这样参差和变化更容易掌握，如图4-148、图4-149所示。

⑨ 尾部鳞片有转折的变化，要注意刻画的对比，如图4-150、图4-151所示。

图 4-148　鱼鳞刻画

图 4-149　鱼鳞刻画

图 4-150　尾部鳞片刻画

10　在刻画尾鳍部分和底部时要注意主次的区分，如图 4-152、图 4-153 所示。

图 4-151　尾部鳞片刻画

图 4-152　尾鳍刻画

图 4-153　底部刻画

11　调整整体效果，如图 4-154 所示。

12　先选择涂抹工具，然后选择涂抹工具的笔刷，可以根据自己的需要进行其他选择，如图 4-155 所示。调整强度，如图 4-156 所示。

图 4-154　调整整体效果

图 4-155　选择笔刷

图 4-156　调整笔刷强度

13　第二次刻画主要使用涂抹工具进行，该工具可以将翡翠的质感体现得更加真实，鱼头是面积最大的平滑部分，所以涂抹的时候要注意保证它的流畅度，如图4-157、图4-158所示。

14　鳞片要顺着转折来涂抹，并且每一个都要亲自手工涂抹才能拉开差距，如图4-159、图4-160所示。

图4-157　质感表现

图4-158　质感表现

图4-159　涂抹鳞片

15　顺着结构涂抹背鳍，如图4-161、图4-162所示。

图4-160　涂抹鳞片

图4-161　涂抹脊鳍

图4-162　涂抹背鳍

16　尾鳍和海浪也是顺着本体结构去涂抹，海浪部分要注意保留一种圆润饱满的水珠感觉，如图4-163、图4-164所示。

17　由于全部都是用涂抹的手法来进行第二次刻画，所以在疏密关系和结构连续性上要多留心，如图4-165、图4-166所示。

18　选择滤镜中的"液化"，如图4-167所示，然后使用左侧的各种选项对主体再进行一次大型的调整，如图4-168所示。

19　使用魔棒工具选择主体，如图4-169所示，再使用软性笔刷对光源色和反光色进行一次改变，如图4-170所示。

图 4-163 涂抹尾鳍

图 4-164 涂抹海浪

图 4-165 调整疏密与结构

图 4-166 调整疏密与结构

图 4-167 液化

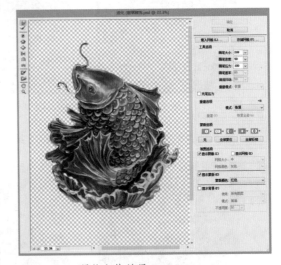

图 4-168 调整主体效果

20 在制作台面时要考虑翡翠本身的光线折射，所以色彩上尽量取自主体，如图 4-171 所示。最后再检查一次主体的各部分细节，进行小的调整，如图 4-172 所示。

图 4-169 选择主体

图 4-170 改变光源色和反光色

图 4-171 制作台面

21 双色翡翠雕饰就制作完成了，如图 4-173 所示。

图 4-172　检查细节

图 4-173　最终处理

◎ 第五节　旧书"恶魔之眼"

　　书本类的道具在 RPG 类游戏中运用最为广泛，它通常作为辅助性道具或者消耗类道具出现。所谓辅助性道具，其作用和饰品很类似，使用者一直携带可以改变自身属性。在设计时往往需要更加精细一些，因为玩家观看的时间会很长。消耗类的书本，可以理解为像药水一样的作用，使用过后就没有了。像耗材这样的道具，在设计时候就不需要有太多的细节，它主要的功能通过文字描述表现，只需要把它的功能特征做到最明显就好了。书本虽然简单，只是一个长方体，但设计者一定要做到精于心简于形。

设计制作思路

　　（1）按照设计文本需求，寻找关于旧书、魔法书一类的参考素材图片，注意书本材质是否有陈旧感；此外还需要一些辅助素材，如骨骼、蜡烛等侧重材质感受的参考图。

　　（2）根据参考设计绘制草图，注意构图的稳定感。

　　（3）绘制潦草的黑白稿，用重与轻两种色差感来塑造主体。

　　（4）开始叠加色彩，注意使用带有一定质感的笔刷。

　　（5）用色彩刻画细节，注意在光源变化下的色彩变化。

　　（6）特殊字符的简单制作流程，注意色彩效果与主题相匹配。

　　（7）简单背景与氛围的塑造。

旧书"恶魔之眼"的效果图如图 4-174 所示。

图 4-174　旧书"恶魔之眼"效果图

1 根据设计需求和构思，首先找到相应的图片参考素材，如图 4-175 所示。

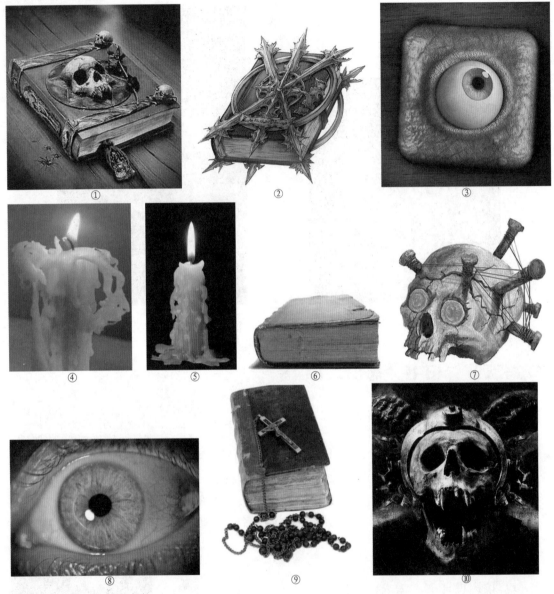

图 4-175 造型与材质参考

2 在 Photoshop CS6 中新建一个项目，并设置好所需要的画面尺寸和分辨率。如图 4-176 所示。

3 打开画笔，选择硬边缘画笔进行勾线，如图 4-177 所示。按照初步的构思绘制粗略的线稿，在构图时要注意整体造型的稳定性。如图 4-178 所示。

4 使用魔棒工具选择将要绘制的区域，如图 4-179 所示，然后选择软性画笔，如图 4-180 所示。

图 4-176 新建项目

图 4-177　选择画笔

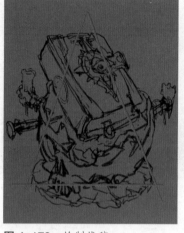

图 4-178　绘制线稿

图 4-179　选择绘制区域

⑤　对于左侧的大铁钉，先要绘制有陈旧生锈的感觉，然后确定好光源方向和反光方向，如图 4-181 所示。对于上方的白色蜡烛，在确保本身固有色的基础上进行黑白关系的简单处理。整体上注意小部件之间疏密关系的前期规划，如图 4-182 所示。

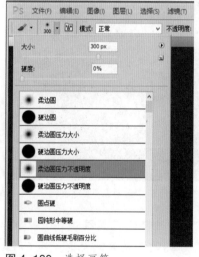

图 4-180　选择画笔

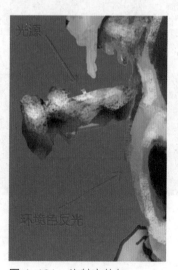

图 4-181　绘制大铁钉

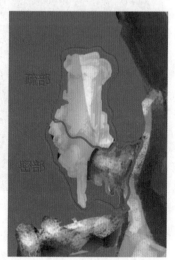

图 4-182　新绘制白色蜡烛

⑥　右侧蜡烛的绘制要弱于左侧，主要体现主次关系，如图 4-183 所示。书本的设计可以大胆一点并加入其他元素，比如眼球等，如图 4-184 所示。

⑦　头骨面不是一个结构很复杂的面，需要注意的是各部分黑白体积关系和前后层次关系，在这一阶段做一个简单的铺垫，反光部分要干净透气，如图 4-185 所示。头骨

的明暗交界线要有丰富的转折。在内阴影部分，要有一定的透光感，不能完全一抹黑，如图 4-186 所示。

图 4-183　绘制右侧蜡烛

图 4-184　绘制书本

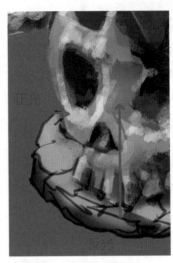
图 4-185　绘制头骨面

8　反光部分的明度一定要弱于前面正光部分，如图 4-187 所示。整体的黑白稿完成后，再用软性笔刷整体调整一下，如图 4-188 所示。

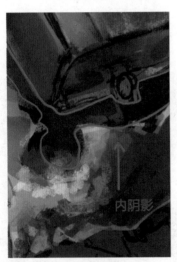

图 4-186　绘制内阴影

图 4-187　绘制反光

图 4-188　调整黑白稿

9　选择将要上色的区域，如图 4-189 所示，然后选择柔性画笔，如图 4-190 所示。

10　将画笔属性调整为颜色，如图 4-191 所示。如果需要效果更加鲜艳并带有色彩线性变化，就可以更改为叠加。

11　将书籍部分做成硬质木材，上色时要注意做旧颜色需要较低的饱和度，如图 4-192 所示。将封面和中部的雕花勾勒出简单的纹样，如图 4-193 所示。

12　将扣带部分先设计为粗糙的旧皮革感觉，如图 4-194 所示。右侧蜡烛注意带上背景反光色，如图 4-195 所示。

图 4-189　选择上色区域　　　　图 4-190　选择画笔　　　　　图 4-191　调整画笔属性

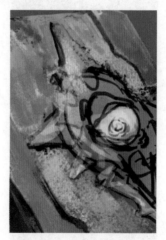

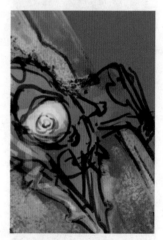

图 4-192　为书籍上色　　　　　图 4-193　勾勒雕花　　　　　图 4-194　绘制扣带

　　13　在绘制铁钉的锈色和青苔的颜色时，要注意色彩节奏的搭配，如图 4-196 所示。在对左侧蜡烛上色时，色彩应尽量的丰富但同时不要夺走蜡烛本身的固有色，如图 4-197 所示。

　　14　头骨的这个面很薄，但同样要在保证厚度的前提下区分正光色和反光色，以此来强化平面与曲面，如图 4-198 所示。书页部分注意明暗度的控制，明度要低于上部受光面，如图 4-199 所示。

　　15　在对头骨面部上色时要注意转折面的冷暖变化，如图 4-200 所示。整体上色完成后检查一下大的色调与色彩体积的关系，如图 4-201 所示。

　　16　开始细节刻画。在书脊处绘出一定的曲面感受，在不同材质处打上螺丝钉，注意凹面的细微体积变化。设计的突出点可以是任何小的设计元素，其目的是丰富设计的细节和趣味点。如图 4-202、图 4-203 所示。

图 4-195　为右侧蜡烛上色

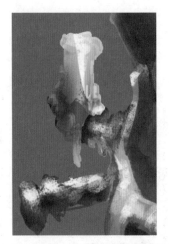

图 4-196　绘制铁钉和青苔颜色

图 4-197　为右侧蜡烛上色

图 4-198　头骨上色

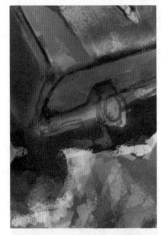

图 4-199　书页上色

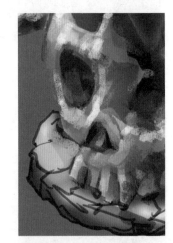

图 4-200　头骨面部上色

图 4-201　检查色调和色彩体积

图 4-202　书脊刻画

图 4-203　打上螺丝钉

17　在书脊中部设计一款做旧的铜质图腾，其中六角星形状具有很强的魔法感，在刻画时应注意金属高光的刻画，同时也要注意整体做旧的丰富色彩变化，如图 4-204、

图 4-205 所示。

⌈18⌋　刻画雕文。在刻画时要注意小幅度转折处的明暗交界线的刻画，如图 4-206、图 4-207 所示。

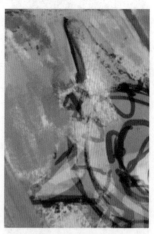

图 4-204　书脊中部　　　　　　图 4-205　铜质图腾　　　　　　图 4-206　雕文刻画

⌈19⌋　在刻画雕文的凹槽处时，要注意形状与明暗必须有所变化，如图 4-208 所示。在刻画眼珠时要注意两点，首先是整体眼珠的球形、明暗交界线的处理；第二是瞳孔处透明物体反光的明暗交界线。这两处是整个眼珠出彩的地方，要着重刻画，如图 4-209 所示。

图 4-207　雕文刻画　　　　　　图 4-208　刻画凹槽　　　　　　图 4-209　刻画眼珠

⌈20⌋　封面用不同笔刷效果做旧，在扣带接口处选择金属，更有统一感，如图 4-210、图 4-211 所示。

⌈21⌋　在刻画书脚部分时，要注意强调木质磨损的效果，如图 4-212、图 4-213 所示。

⌈22⌋　书签与书脊的雕文可以使用同种图案，注意金属材质高光的层次感，如图 4-214、图 4-215 所示。

⌈23⌋　左侧蜡烛的主色调要偏向光源色，蜡油的刻画要有不同的细节。蜡烛虽然是小部分的组件，也要注意疏密关系。如图 4-216、图 4-217 所示。

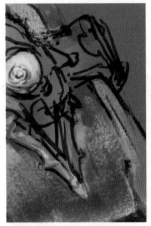

图 4-210　封面刻画

图 4-211　封面刻画

图 4-212　书脚刻画

图 4-213　书脚刻画

图 4-214　雕文刻画

图 4-215　雕文刻画

24　左侧的蜡烛色调要偏向反光色，这样两支蜡烛的前后层次就能区分出来，如图 4-218、图 4-219 所示。

图 4-216　调整左侧蜡烛色调

图 4-217　蜡油刻画

图 4-218　调整右侧蜡烛色调

25　头骨可以用青苔腐败后的颜色来做旧，转折面的细节要有变化节奏感，如图4-220、图4-221所示。

图4-219　调整右侧蜡烛色调

图4-220　头骨做旧

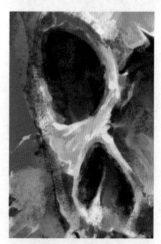

图4-221　转折面

26　在铁钉的锈迹上做出少量青苔贴附的感觉，如图4-222、图4-223所示。

27　鼻孔和牙齿的转折面特别多，所以处理起来要细心些，注意犬齿处大的明暗交界线刻画。因为有较多的缝隙，所以青苔也会更多一些，如图4-224、图4-225所示。

图4-222　铁钉刻画

图4-223　铁钉刻画

图4-224　大齿刻画

28　左眼窝有破口可以看见内部的骨骼，这部分刻画要注意主次关系，不可以将内部骨骼的刻画细致度高于面部的细致度，如图4-226、图4-227所示。

29　反光面积的有效区需要控制在较小范围内，如图4-228所示。再次检查面部骨骼的细节刻画并进行调整，如图4-229所示。

30　光源走向要有变化，同一个面要有不同感受，如图4-230所示。整体的反光色要注意前后体积变化带来的色相变化，如图4-231所示。

31　打开使用文字工具，如图4-232所示。编辑一段字符，如图4-233所示。

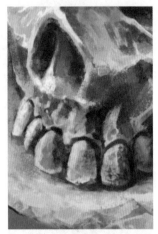

图 4-225　大齿刻画

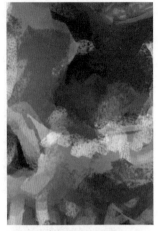

图 4-226　左眼窝刻画

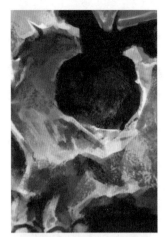

图 4-227　左眼窝刻画

图 4-228　反光

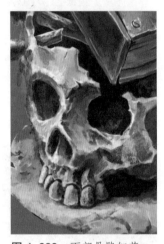

图 4-229　面部骨骼细节

图 4-230　光源光向

图 4-231　色相变化

图 4-232　打开文字工具

图 4-233　编辑字符

32　打开图层混合选项，勾选"描边"并填写参数，如图 4-234 所示。勾选"颜色叠加"，并选择喜欢的颜色，如图 4-235 所示。

图 4-234 设置图层样式

图 4-235 选取叠加颜色

33 勾选斜面与浮雕，按照自己喜欢的方式选择一种样式，如图 4-236 所示。编辑好字符后使用快捷键"Ctrl+T"对整体外形进行编辑，如图 4-237 所示。

图 4-236 设置图层样式

图 4-237 编辑字符外形

图 4-238 变形

34 单击右键选择变形，根据透视关系进行改变，如图 4-238 所示。然后调整好字符位置，如图 4-239 所示。

35 使用橡皮擦工具并改变橡皮擦笔刷造型，选择粗糙并有特殊形状的橡皮擦，如图 4-240 所示，简单地做一些磨损的效果，如图 4-241 所示。

36 修改铭牌的字符，并在台面上用特殊笔刷手工绘制一层台面，如图 4-242 所示。台面的反光色和主题要一致，如图 4-243 所示。

图 4-239　调整字符位置　　　　图 4-240　选择橡皮擦形状　　　　图 4-241　制作磨损效果

　　[37]　打开背景层，做出假倒影，其方法与前几节一样。旧书"恶魔之眼"就制作完成了，如图 4-244 所示。

图 4-242　修改铭牌字符　　　　图 4-243　绘制台面　　　　图 4-244　最终效果

▶ 第六节　远古卷轴

　　卷轴类道具属于素材类或者消耗类的道具。消耗类的道具在上一节已经讲过了，现在着重说明一下素材类道具。所谓素材类道具，是指可以收集并长期使用的道具，如地图、装备锻造图纸、回城卷等。

素材类道具的细节设计弹性很大，可以做得很精细，很有审美感，也可以简洁明了地去设计。在实际设计时，可以根据游戏的整体美术风格来衡量。卷轴类道具的材质有很多种，有羊皮卷、纸质卷，有带竹筒的，也有金属外壳的。

设计制作思路

（1）按照设计文本需求，寻找关于金属筒、卷轴一类的参考素材图片，注意材质感是否突出，造型要有足够的设计感。

（2）根据参考设计绘制草图，注意构图与透视关系。

（3）填充色彩，使用有材质感的笔刷进行材质上色。

（4）用色彩刻画细节，注意在光源变化下的色彩变化。

（5）循环纹理的简单制作流程，注意色彩与主体相匹配。

（6）简单背景与氛围的塑造。

远古卷轴的效果图如图 4-245 所示。

图 4-245　远古卷轴效果图

1　根据设计需求和构思，首先找到相应的图片参考素材，如图 4-246 所示。

图 4-246　造型与材质参考

2　新建项目并设置尺寸与分辨率，如图 4-247 所示。

3　选择勾线笔刷，如图 4-248 所示，然后根据设计需求勾出线稿，如图 4-249 所示。

图 4-247　新建项目　　　　　　图 4-248　选择笔刷　　　　　　图 4-249　绘制线稿

4　选择魔棒工具，反选出要进行下一步的工作区域，如图 4-250 所示。

5　使用颜色直接绘制主体，打开拾色器选择颜色，如图 4-251 所示。首先铺一层底色，确定主色调，如图 4-252 所示。

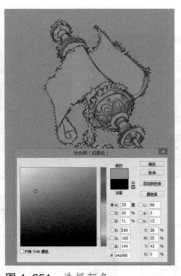

图 4-250　反选区域　　　　　　图 4-251　选择颜色　　　　　　图 4-252　确定主色调

6　调整画笔属性，可以根据自己的喜好和对色彩的需求，这里推荐选择"叠加"和"颜色"两种模式。

7　选择带有一定纹理的笔刷，如图 4-253 所示。使用大号笔刷绘制，如图 4-254 所示。

8　由于卷轴筒是金属的材质，因此要注意圆柱体的光感表现，如图 4-255 所示。卷轴筒手柄部分应注意各部分曲面转折对光效的影响，如图 4-256 所示。

9　卷筒盖部分的做旧也是用大笔刷来回叠加绘制的，要注意丰富材质的细节变化，如图 4-257 所示。羊皮卷部分应注意区分近光源部分与垂坠部分的色差，如图 4-258 所示。

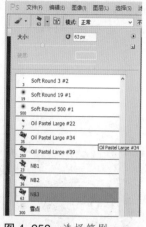

图 4-253　选择笔刷

图 4-254　绘制效果

图 4-255　绘制卷轴筒

图 4-256　绘制卷轴筒手柄

图 4-257　绘制笔筒盖

图 4-258　绘制羊皮卷

10　由于卷筒头部是一个半球形，明暗交界线的处理要根据这个特点来处理，如图 4-259 所示。对于脚架部分的雕纹，重点在摆位上，摆放在中间可以显现出端正感觉，如图 4-260 所示。

图 4-259　绘制笔筒头部

图 4-260　绘制脚架雕文

11 打开滤镜中的液化对细节的位置和透视关系进行微调，如图4-261所示。

12 再一次对细节的节奏变化进行调整，如图4-262所示。头部环纹的雕刻可以做一些金属撞击后留下的损伤造型，如图4-263所示。

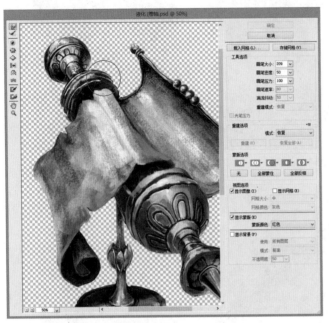

图4-261 调整位置和透视关系

图4-262 调整细节

13 在刻画尖端头部的圆锥体时可以不用画得过于锋利，如图4-264所示。选择柔性画笔，如图4-265所示。

图4-263 绘制头部环纹

图4-264 绘制尖端头部的圆锥体

图4-265 选择画笔

14 将画笔属性调整为"线性减淡"，打开拾色器选择黄色的相对色紫色，便于刻画细节时更准确调整色彩的变化，如图4-266所示。

15　添加水晶或者彩钻等装饰物时，可以使用该属性笔刷直接进行绘制，要注意疏密关系，如图 4-267、图 4-268 所示。

图 4-266　选择颜色

图 4-267　添加水晶

图 4-268　添加彩钻

16　先对卷轴盖子进行再次刻画，为制作纹理做准备，如图 4-269 所示。选择矩形选框工具。

17　使用矩形选框工具勾勒一个矩形框，然后使用油漆工具桶导入白色，如图 4-270 所示。复制这个单元并改变位置制作成一个网状花纹，按"Ctrl+T"键进行形状变形，如图 4-271 所示。

图 4-269　刻画卷轴盖子

图 4-270　绘制白色
矩形框

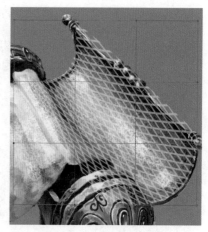

图 4-271　制作网状花纹

18　按"Ctrl+B"键打开色相／饱和度选项栏，在其中将颜色调整至深色，如图4-272 所示。将该图层属性调整为"叠加"，如图 4-273 所示。

19 将该图层的不透明度调整至一个合适的参数，如图 4-274 所示。纹理叠加的效果就制作完成了，如图 4-275 所示。

图 4-272　调整颜色　　　　图 4-273　调整图层属性　　　图 4-274　调整不透明度

20 选择任意一款柔性画笔，并将画笔属性改为"颜色"。

21 前面为了绘制宝珠选择了较容易操作的紫色，现在可以用颜色画笔将颜色换为自己喜欢的颜色样式，如图 4-276 所示。主体就基本完成了，可以对小细节进行调整，如图 4-277 所示。

图 4-275　纹理叠加效果　　　图 4-276　选择颜色　　　　图 4-277　调整细节

22 使用文字工具编辑一大段文字，字符和文字形态可以根据自己的喜好来调整，如图 4-278 所示。将该图层栅格化，如图 4-279 所示。

23　使用形状工具将文字的位置调整到需要的地方，如图 4-280 所示。用橡皮擦工具做出文字符号的磨损效果，如图 4-281 所示。

图 4-278　编辑文字　　　　　　图 4-279　反选主体　　　　　图 4-280　调整文字位置

24　使用魔棒工具反选主体，如图 4-282 所示，然后将画笔调整为"颜色减淡"，如图 4-283 所示。

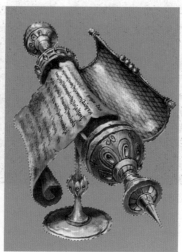

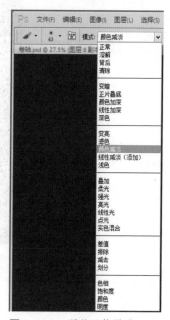

图 4-281　绘制文字的磨损效果　　　图 4-282　反选主体　　　　图 4-283　调整画笔模式

25　强调一下主光源与整体的黑白关系，如图 4-284 所示。根据前面的方法绘制台面，如图 4-285 所示。

图 4-284　调整黑白关系

图 4-285　绘制台面

26　远古卷轴就绘制完成了，如图 4-286 所示。

图 4-286　最终效果

习题

1. 简述生活类道具的概念及分类。

2. 根据所学知识，总结生活类道具的设计思路及流程，并制作一个与远古卷轴类似的生活类道具。

第五章

武器装备设计

▶ 第一节　武器装备设计概述

装备一般可分为"武器"和"装备"两个大类。在游戏设计领域，武器装备是必不可少的道具类型。在设计时，应根据游戏背景风格以及职业设计，设定游戏中的武器装备类型。

例如，在网络游戏《魔兽世界》中，武器包括单手剑、双手剑、单手斧、法杖、匕首、图腾、盾牌、弓箭、长矛等。防具则包括头部、肩部、背部、胸部、衬衣、工会徽章、手腕、手部、腰部、腿部、脚等。其中的装备部分还可以根据职业和材料的不同分为板甲、锁甲和布甲等类型，在设计游戏装备时，往往还会引入套装的概念，即以某种统一的美术风格，设计一整套适合某个职业使用的装备。

对于"武器道具"而言，设计的重点主要侧重于美观，当然不是说实际使用性就不重视，相对于这部分而言，美观部分占有相对较大的比重。本节会着重分析设计时的思路，而如何设计出美观又有很强吸引力的"武器装备"就是主要着力点，如图5-1至图5-6所示。

图 5-1　法杖

图 5-2　长剑

图 5-3　宽刀

图 5-4　巨锤

图 5-5　权杖

图 5-6　巨剑

一、武器

　　"武器"可以分为冷兵器和热兵器。所谓冷兵器是指刀、枪、剑、戟、斧、钺、勾、叉、匕首、法杖、扇、琴、书等类型，而热兵器是指现代枪械等，如图5-7至图5-15所示。

图5-7　法杖

图5-8　弓

图5-9　双手剑

图5-10　巨刃

图5-11　巨斧

图5-12　冲锋枪

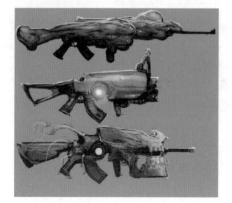

图5-13　射线枪

图5-14　手枪

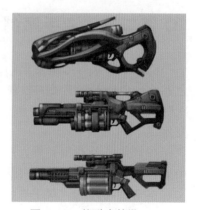

图5-15　榴弹发射器

二、装备

"装备"的定义比较广泛,通常泛指防具和饰品,防具一般包括衣服、帽子、裤子、手套、鞋子等类型,饰品包括项链、手镯、戒指、护符等,如图 5-16 至图 5-21 所示。

图 5-16 头部装备

图 5-17 盔甲

图 5-18 盔甲装备

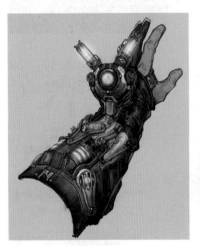

图 5-19 手臂装备

图 5-20 手臂装备

图 5-21 盾牌装备

▶ 第二节　双手魔剑

剑,是冷兵器中最常见的,在古代世界各地都有剑的影子,以至于在现在社会,工艺品宝剑也是人们喜爱的收藏品之一。在游戏设计领域,宝剑通常出现在武侠、中世纪、次时代等时代风格的游戏中。对它的定义也需要根据游戏时代背景和相应的世界观而变化。

在武侠类游戏世界里,"宝剑"就是以中国式的居多,在设计的时候首先就要考虑中国古代各个朝代对宝剑的设计标准,同时要符合游戏的世界观。

本节所设计的"双手魔剑",从设计需求来看这是一把双手大剑,那么在体型上肯定要设计得磅礴大气,大剑,也就是双手剑,剑体本身也是很长的,所以在刀刃与手柄两部分长度的把控上要注意区别于单手剑与匕首。

所谓"魔剑"那就是有一定的魔法伤害，或者说有"魔法"效果的感觉，这部分设计可以用特效表现，也可以在设计本身上下功夫。在实际设计时，应在形体刻画和整体风格的设计上，使玩家认识到这是一把"魔剑"，而不是一把普通的铁剑或者其他武器。

设计制作思路

（1）按照设计文本需求，先寻找游戏中已经设计好的相关题材的宝剑，再找一些实际生活中真实存在的宝剑的参考图片。

（2）根据参考设计绘制草图，注意构图和有一定简单特效的占有面积。

（3）使用对称设计原理完成宝剑的左右部分设计，注意整体疏密的节奏感。

（4）根据光源的方向，叠加固有色。

（5）深度刻画，注意冷暖的色彩变化。

（6）特效的绘制，注意柔性烟雾的层使用。

（7）简单背景与氛围的塑造。

双手魔剑的效果图如图 5-22 所示。

图 5-22 双手魔剑效果图

1 首先找一些中西方各类型的宝剑，以便筛选参考形象，如图 5-23 所示。

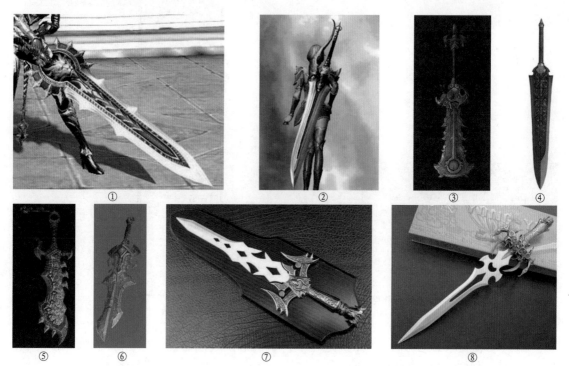

图 5-23 造型与材质参考

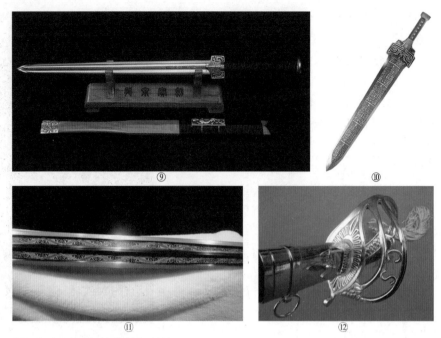

⑨　　　⑩

⑪　　　⑫

图 5-23　造型与材质参考（续）

2 使用 Photoshop CS6 新建一个项目，如图 5-24 所示。

3 建立一个组，再新建图层，用于绘画草图，如图 5-25 所示。选择画笔进行草图绘制，如图 5-26 所示。

图 5-24　新建项目

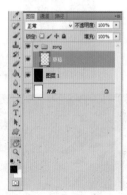

图 5-25　新建图层

图 5-26　选择画笔

4 根据设计要求勾勒出草稿。使用居中的构图方式，注意左右的平衡，如图 5-27 所示。剑柄部分可以被视为对称图案，所以重点设计一侧的造型设计，如图 5-28 所示。

5 　使用矩形选框工具选中另一侧没有进行第二层次设计的剑柄部分，如图 5-29 所示。

图 5-27　绘制草图

图 5-28　绘制剑柄

图 5-29　选择右侧剑柄

6 　单击"Delete"键，去掉这一部分，如图 5-30 所示，然后新建一个图层，如图 5-31 所示。

7 　重新选择粗略设计好的部分，并使用快捷键"Ctrl+T"进行改变，选择水平翻转，如图 5-32 所示。翻转后对其进行细微调整，如图 5-33 所示。

图 5-30　删除选区

图 5-31　新建图层

图 5-32　水平翻转图像

8 　合并两个线稿图层，然后对其余部分进行粗略的造型设计。在设计的过程中，注意疏密部分的区分和整体节奏的控制，如图 5-34 所示。使用魔棒工具选中主体，如图 5-35 所示。

9 　在草稿图层下方新建一个图层作为色彩底稿层，如图 5-36 所示。打开拾色器选择固有色，如图 5-37 所示。

10 　使用油漆桶工具铺设固有色底色稿，如图 5-38 所示。多试几次选择合适的底色，如图 5-39 所示。

11 　选择线稿层和底色稿层，单击右键打开子菜单，选择"合并图层"命令，如图 5-40 所示。选择笔刷工具，更改笔刷属性为"叠加"。

图 5-33　调整图像

图 5-34　设计其他造型

图 5-35　选择主体

图 5-36　新建图层

图 5-37　选择颜色

图 5-38　填充颜色　图 5-39　填充颜色

12　确定各部分的色彩，如图 5-41 所示，选择硬边缘笔刷，如图 5-42 所示。

图 5-40　合并图层

图 5-41　确定色彩后的效果

图 5-42　选择笔刷

13　改变画笔的不透明度,如图 5-43 所示,对剑柄端部进行刻画,确定好光源的方向,注意用色叠加的时候将光源带来的色彩变化也简单地描绘上去,如图 5-44 所示。

14　使用套索工具选择刻画的左边部分,刻画完成后选择该区域,如图 5-45 所示。

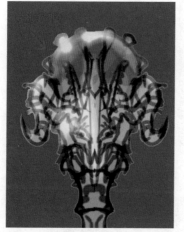

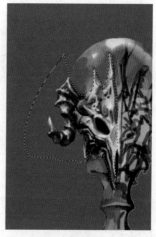

图 5-43　改变不透明度   图 5-44　刻画剑柄端部   图 5-45　选择对象

15　复制该部分,如图 5-46 所示,然后使用"Ctrl+T"键进行变形,如图 5-47 所示。

16　单击右键,选择"水平翻转"命令,如图 5-48 所示,在水平位移后,进行位置上的调整,如图 5-49 所示。

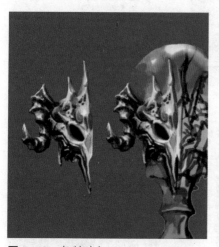

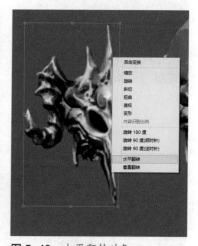

图 5-46　复制对象   图 5-47　变形对象   图 5-48　水平翻转对象

17　图层使用与参数调整,如图 5-50 所示,选择原始图层和复制的组建部分图层后单击右键,选择"合并图层"命令,如图 5-51 所示。

18　使用魔棒工具选中剑柄顶部,如图 5-52 所示,再对大的黑白关系进行调整,默认光源为左上光源。整体的体积关系要注重刻画明暗交界线的部分,如图 5-53 所示。

19　选择硬边缘笔刷,如图 5-54 所示,然后调整画笔属性为"叠加"或者"颜色"。

20　使用魔棒工具选择将要刻画的部分,如图 5-55 所示。在刻画时注意随时改变画笔属性,这样反复叠加出来的色彩会更加丰富,如图 5-56 所示。

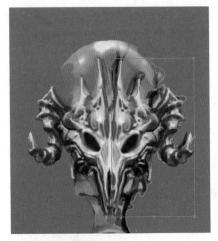

图 5-49 调整位置

图 5-50 图层面板

图 5-51 合并图层

图 5-52 选择剑柄顶部

图 5-53 调整黑白关系

图 5-54 选择笔刷

21 将高光部分进行有节奏性的点缀，表达足够的层次，如图 5-57 所示，注意反光色并选择相对色，会使效果的立体性更佳，如图 5-58 所示。

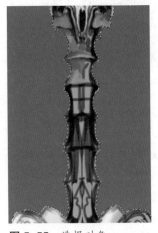

图 5-55 选择对象

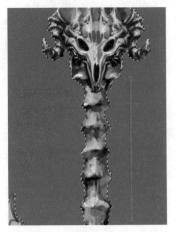

图 5-56 叠加色彩

图 5-57 绘制层次感

22　刻画一些砍杀痕迹，丰富它的造型，如图5-59所示。最后再整体调整一下，协调各部分细节，强调光效产生的立体感，如图5-60所示。

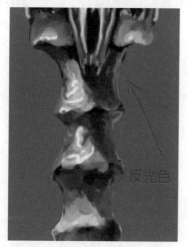

图5-58　绘制出立体感　　　　　图5-59　刻画砍杀痕迹　　　　　图5-60　强调立体感

23　选择即将刻画的部分，如图5-61所示，选择柔性画笔进行粗略的色彩铺垫，如图5-62所示。

24　铺垫色彩的时候注意各部分的固有色和材质的区分，如图5-63所示，然后缩小笔尖的尺寸，对细部的阴影进行深度的色彩铺垫，如图5-64所示。

图5-61　选择对象　　　　　图5-62　选择画笔　　　　　图5-63　刻画固有色和材质

25　在细节刻画上应注意体感的变化，还有高光的处理需要有层次，如图5-65所示，使用选区工具选择即将编辑的部分，按"Ctrl+C"、"Ctrl+V"键复制粘贴这部分，如图5-66所示。

26　按"Ctrl+T"键对编辑区域单击右键，选择水平翻转，如图5-67所示。在图层中可以看到新编辑的这一层，如图5-68所示。

27　调整一下位置后，选择这两个图层，单击右键合并，如图5-69所示。再次根据光源变化进行刻画，如图5-70所示。

图 5-64　刻画阴影

图 5-65　刻画细节

图 5-66　复制粘贴对象

图 5-67　水平翻转对象

图 5-68　图层面板

图 5-69　合并图层

28　选择减淡工具或者加深工具，再一次调整光感，如图 5-71 所示。在中心高光处着重减淡一点，拉开体积感的层次，如图 5-72 所示。

图 5-70　根据光源变化刻画细节

图 5-71　减淡工具

图 5-72　刻画体积感

29　选择龙剑鞘部分，如图 5-73 所示。按"Ctrl+Shift+J"键把即将要编辑的这部分分离出来，如图 5-74 所示。

30　使用选取工具选择剑身部分，如图 5-75 所示。按"Ctrl+Shift+J"键把即将要编辑的这部分分离出来，如图 5-76 所示。

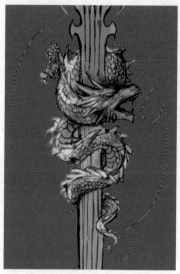

图 5-73　选择龙剑鞘　　　图 5-74　分离对象　　　图 5-75　选择剑身　　　图 5-76　分离对象

31　任意选择一种笔刷将剑身中空处填补上，如图 5-77 所示。

32　简单刻画剑身部分大致的结构和体积关系，如图 5-78 所示。剑脊部分属于明显的明暗交界线，这里的转折会比较大，用色的时候注意拉开冷暖关系，如图 5-79 所示。

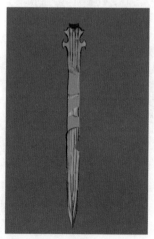
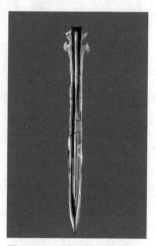

图 5-77　选择笔刷填充剑身　　　图 5-78　刻画剑身结构　　　图 5-79　绘制剑脊

33　剑头的色彩铺垫要更加丰富一点，注意强调金属材质的感觉，如图 5-80 所示。刻画细节的时候，可以绘制一些砍痕和磨损的感觉，以此来丰富造型，如图 5-81 所示。

34　剑身设计较为复杂，要注意反光的转折，如图 5-82 所示。剑身磨损与砍痕可以做得丰富一点，提高造型的复杂度，如图 5-83 所示。

图 5-80　绘制剑头　图 5-81　刻画细节　　　　图 5-82　绘制剑身　　　图 5-83　绘制剑身

35　整体剑身的部分就刻画完成了，可以根据情况在细部上做出一些调整，如图 5-84 所示，选择柔性画笔，对即将铺色的部分做准备，如图 5-85 所示。

36　根据自己的绘画习惯调整画笔属性，分辨出龙的光源方向和大致的黑白关系，如图 5-86 所示。

图 5-84　剑　图 5-85　选择画笔　　　图 5-86　绘制龙　　　图 5-87　首选材质
身效果

37　刻画的首选材质为玉状透明的硬质材质，如图 5-87 所示，这部分要注意高光的走向方法，如图 5-88 所示。

38　龙鳞的刻画要注意前后层次与各部分的主次关系，如图 5-89 所示。整体初步的刻画完成后，再根据光源仔细调整一次，如图 5-90 所示。

39　使用魔棒工具选择即将编辑的部分，如图 5-91 所示。

40　选择一款机理比较明显的画笔，这样在做颜色叠加的时候，可以顺便完成一些纹理的制作，如图 5-92 所示。纹理的层数一定要有主次关系，如图 5-93 所示。

41　在纹理大致绘制完成后，改变该图层的混合选项，选择"渐变叠加"，如图 5-94 所示。打开图层样式面板，将混合模式调整为"叠加"，如图 5-95 所示。

图 5-88 高光走向

图 5-89 刻画龙鳞

图 5-90 调整效果

图 5-91 选择对象

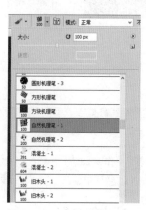
图 5-92 选择画笔

图 5-93 绘制纹理层数

42 根据具体的光源方向调整角度，如图 5-96 所示。然后调整渐变，打开拾色器，使背光部分和之前绘制的色相一致，如图 5-97 所示。

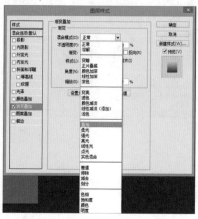
图 5-94 渐变叠加　图 5-95 调整混合模式为"叠加"

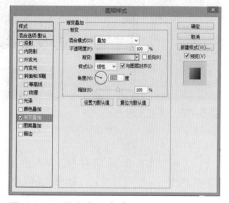
图 5-96 调整光源角度

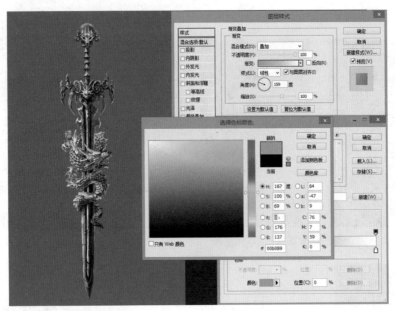

图 5-97 调整渐变

43 光源色也要和之前其余部分一致，如图 5-98 所示。选中该图层后单击右键，将图层转化为智能对象，如图 5-99 所示。

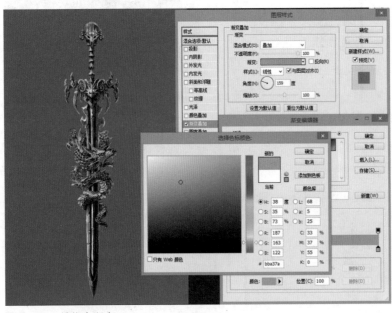

图 5-98 调整光源色

图 5-99 将图层转化为智能对象

44 将本图层栅格化，便于后期进一步的编辑，如图 5-100 所示，在图像菜单中单击"调整"选项下的"自然饱和度"，如图 5-101 所示。

45 根据色彩的参数调整自然饱和度，如图 5-102 所示。使用涂抹工具准备对细节再进行一次深度刻画，如图 5-103 所示。

图 5-102　自然饱和度

图 5-100　栅格化图层　　图 5-101　自然饱和度　　　　图 5-103　涂抹工具

46　将笔触比较明显的部分进行部分保留和部分弱化，如图 5-104 所示。这样处理完成后整体的主次关系和刻画的前后关系就可以拉开了，如图 5-105 所示。

47　打开草图层，再次确认即将要绘画的烟雾效果的范围，如图 5-106 所示，然后选择延展性较优异的画笔笔触，如图 5-107 所示。

图 5-104　调整笔触效果　　　　图 5-105　调整后的效果　　　图 5-106　确定烟雾的范围

48　根据草图描绘的范围部分进行绘制，如图 5-108 所示。将画笔的属性调整为"线性减淡（添加）"，如图 5-109 所示。

49　前景部分的烟雾就绘制完成了。由于烟雾也占有一定比例的面积，所以在构图上也是要考究的，如图 5-110 所示。在剑身背后新建一个图层，如图 5-111 所示。

50　选择之前较深的颜色进行背部颜色的描绘，如图 5-112 所示。选择加深工具对前后两层的烟雾体积进行深度调整，如图 5-113 所示。

51　调整完成后再进行多次对比，如图 5-114 所示。

图 5-107　选择画笔

图 5-108　绘制烟雾

图 5-109　调整画笔属性

图 5-110　烟雾效果

图 5-111　新建图层

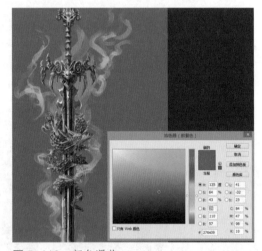
图 5-112　颜色调整

52　打开涂抹工具，在画笔属性栏改变涂抹工具的笔刷，如图 5-115 所示。为了体现烟雾的效果，在涂抹的时候尽量多参考一些真实的图片，如图 5-116 所示。

图 5-113　选择加
　　　　深工具

图 5-114　调整烟雾
　　　　体积

图 5-115　改变笔刷

图 5-116　涂抹效果

53　结合橡皮擦工具对造型不断进行调整和修改，如图 5-117 所示。烟雾尾部的飘散要扩散得更大一些，如图 5-118 所示。

54　复制前面部分的烟雾，如图 5-119 所示。将本图层的属性改变为"叠加"，如图 5-120 所示。

图 5-117　调整造型　　　　　图 5-118　烟雾尾部效果　　　　　图 5-119　复制图层

55　合并这两个图层，如图 5-121 所示，然后检查整体效果是否符合要求，注意烟雾走向造型的疏密关系，如图 5-122 所示。

图 5-120　改变图层属性　　　图 5-121　合并图层　　　图 5-122　合并图层后的效果

56　按"Ctrl+B"键调整色相，使色彩更贴近整体感受，如图 5-123 所示。改变图层的混合模式为"渐变叠加"，如图 5-124 所示。

57　改变混合模式为"滤色"，如图 5-125 所示。在颜色渐变部分进行进一步的色彩调整，如图 5-126 所示。

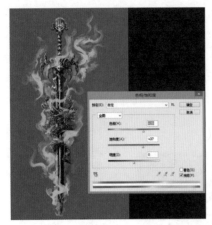

图 5-123　调整色相

图 5-124　渐变叠加

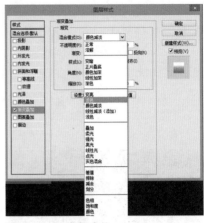

图 5-125　选择滤镜

58　另一边的颜色也要进行编辑,如图 5-127 所示。调整本图层的不透明度为"59%",如图 5-128 所示。

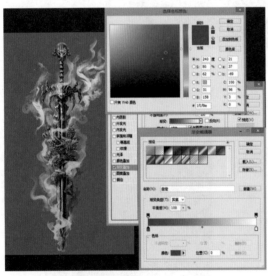

图 5-126　调整色彩

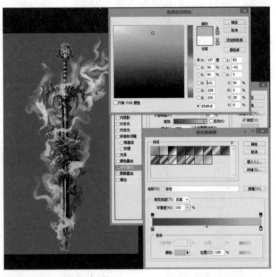

图 5-127　调整色彩

59　选中龙体图层并复制，将原图层选中并打开滤镜选择"高斯模糊"，如图 5-129 所示，再将复制的图层属性改变为"线性减淡（添加）"，如图 5-130 所示。

60　选择橡皮擦笔刷，如图 5-131 所示。调整前后两层的烟雾的造型，如图 5-132 所示。

61　不同造型笔尖的橡皮擦会营造不同的造型效果，在用橡皮擦造型的时候注意保持烟雾本身气态的造型感受，如图 5-133 所示。

62　烟雾就完成了，如图 5-134 所示。新建一个图层，准备绘制背景，如图 5-135 所示。

63　选择纹理较明显粗壮的笔刷，如图 5-136 所示。打开拾色器，选择和烟雾层颜色相反的颜色，如图 5-137 所示。

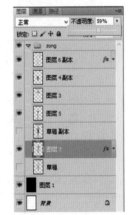

图 5-128　调整图层
不透明度

图 5-129　选择高斯模糊　　图 5-130　改变图　图 5-131　选择笔刷　　图 5-132　绘制烟雾
　　　　　　　　　　　　　　　　层属性

图 5-133　绘制烟雾　　　图 5-134　烟雾效果　图 5-135　新建图层 图 5-136　选择笔刷

　　64　先绘制一层较深的底色，拉开一定的景深，如图 5-138 所示，再选择另一种不同造型的笔刷或者更多种类的笔刷对层次进行绘制，如图 5-139 所示。

图 5-137　选择滤镜　　　　　图 5-138　绘制效果　　　图 5-139　选择笔刷

　　65　双手魔剑就绘制完成了，如图 5-140 所示。

图 5-140　双手魔剑效果

▶ 第三节　爪弓

　　爪弓，顾名思义，是一种戴在手上的爪子加上一只小号的单发弓箭结合在一起的机括类武器，它属于冷兵器中的暗器一类，主要的攻击来自爪本身，弓箭是辅助的攻击组成部分。这类武器在中国古代和西方古代的历史中均出现过，也是一种有历史沉淀的武器。

　　爪弓在游戏中也有较高的使用率，在设计这类武器的时候，首先要根据策划描述的大致描述内容来决定美术的设计方向。最主要的是，机括类的武器属于可变形的武器类型，在设计的时候要考虑变形产生的物理变化效果。因此在设计初期，最好是做一些物理知识的准备，以便设计出来的武器更合理。

　　每一种武器的设计，都需要围绕武器本身的属性和造型特点。在设计机括类暗器时，在造型上有所创新的同时，也要谨记该类武器的原型，以免设计出的武器走形，给玩家造成视觉认识上的误差。

设计制作思路

　　（1）按照设计文本需求，先寻找游戏中已经设计好的相关题材的爪或者拳套一类的设计，再找一些京剧头盔之类的参考图片。

　　（2）根据参考设计绘制草图，注意利用负空间原理调整疏密结构。

　　（3）填充色彩，根据光源强调体积感。

　　（4）按绘制的先后顺序与刻画的难易程度进行图层拆分。

　　（5）根据透视对不合理的结构作调整，并制作珍珠。

　　（6）各种材质的深度刻画。

　　（7）简单背景与氛围的塑造。

　　爪弓的效果如图 5-141 所示。

图 5-141　爪弓效果图

1 根据设计需求，准备设计一只爪弓，这只爪弓有京戏行头的美术元素在里面。先收集有关的实体图片，以便设计时进行参考。如图 5-142 所示。

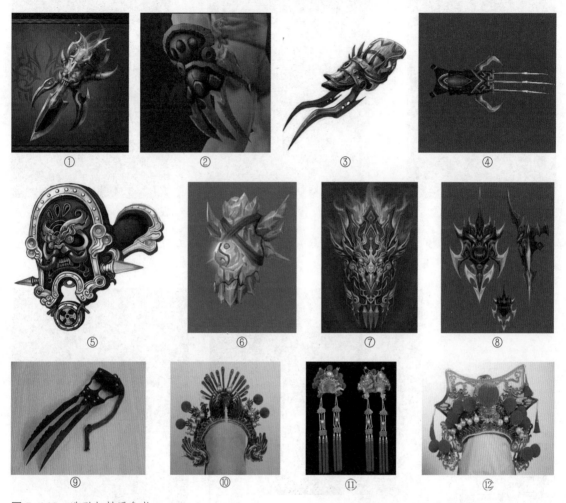

图 5-142 造型与材质参考

2 打开 Photoshop CS6 软件，新建一个文件并设计好尺寸，选择任意一款硬边的笔刷，准备进行草稿部分的设计，如图 5-143 所示。

3 首先设计出这个武器的大体感觉。在构图上尽量利用负空间形成的特殊面积来衬托主体部分，如图 5-144 所示。然后根据使用的部分进行区分，调整大体的物理结构和各部分细节的疏密关系。材质的设定上，强调软硬对比、方圆对比和面积对比。如图 5-145 所示。

4 选择魔棒工具将整个主体部分确定下来并进行选取，如图 5-146 所示。

5 在草稿图层下新建一个图层，用于铺设底色层，如图 5-147 所示。

图 5-143 选择笔刷

图 5-144　绘制草图　　　　　图 5-145　材质设定　　　　　图 5-146　选择主体

6　选择油漆桶工具，打开拾色器，选择区别于底层工作区色的任意颜色，如图 5-148 所示。将全部选区内部进行底色填充，如图 5-149 所示。

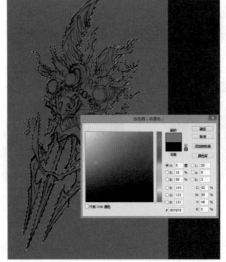

图 5-147　新建图层　　　图 5-148　选择颜色　　　　　图 5-149　填充颜色

7　选中草稿层，单击右键拉开子菜单，选择复制图层，如图 5-150 所示。将有底色的图层拖至原草稿层之上，如图 5-151 所示。

8　选中草稿副本层和底色层，单击右键打开子菜单，选择合并图层，如图 5-152 所示。确定图层后，将最底部的草稿层作为参考随时打开进行对比，如图 5-153 所示。

9　选择任意一款柔性画笔，如图 5-154 所示，将画笔属性改变为"叠加"或者"颜色"，如图 5-155 所示。

10　打开拾色器，根据设计的色彩划分进行填色，如图 5-156 所示。在绘制主体色彩时，注意主次关系的划分，确定好光源方向，填色的时候注意强调体积关系，如图 5-157 所示。

图 5-150　复制图层　　图 5-151　调整图层顺序　　图 5-152　合并图层　　图 5-153　草稿层

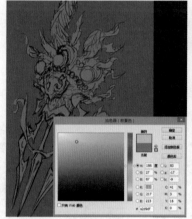

图 5-154　选择画笔　　　图 5-155　改 图 5-156　选择颜色　　图 5-157　绘制主体色彩
　　　　　　　　　　　　变画笔属性

　　11　完成整体色彩的固有色铺设后，对色彩冷暖、主次进行划分，如图 5-158 所示。

　　12　选择减淡工具，根据光源方向简单地调整一下黑白关系，如图 5-159 所示，选择套索工具，准备将主体部分进行切分，如图 5-160 所示。

图 5-158　调整色彩主次　　　图 5-159　调整黑白关系　　　图 5-160　选择套索工具

13　将爪弓的主体部分用套索工具选中，如图 5-161 所示，按"Ctrl+Shift+J"键进行快速的图层切分，如图 5-162 所示。

14　回到原图层，将刚才切好的部分隐藏掉，如图 5-163 所示，继续使用套索工具将图示部分勾选，如图 5-164 所示。

图 5-161　选中主体

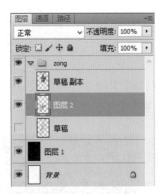
图 5-162　切分图层

图 5-163　隐藏图层

15　根据主体结构进行切分，如图 5-165 所示，根据这个武器的结构调整切分部分的前后顺序，如图 5-166 所示。

图 5-164　选择对象

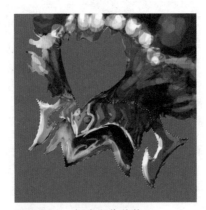
图 5-165　切分主体结构

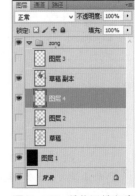
图 5-166　调整图层顺序

16　宝珠部分的切割只需要切分一个整体区域就行了，如图 5-167 所示。按照结构的前后关系调整图层，如图 5-168 所示。

17　绒球的切分同上，如图 5-169 所示。调整好图层后，单击图层并对图层内容命名，便于对图层内容的理解与区分，如图 5-170 所示。

18　选择将要编辑的图层并隐藏其他图层，只保留草稿层，这样便于对比大的造型，如图 5-171 所示。

19　选择一款有纹理的笔刷，如图 5-172 所示，将这部分大体造型进行刻画，如图 5-173 所示。按住"Ctrl"键在方框区域单击右键，弹出子菜单，选择"变形"，如图 5-174 所示。

20　将图形调整至正确的透视关系位置，如图 5-175 所示。

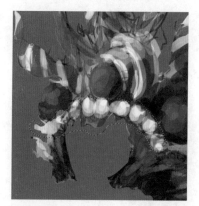

图 5-167　切分宝珠

图 5-168　调整图层

图 5-169　切分绒球

图 5-170　命名图层

图 5-171　选择图层并隐藏其他图层

图 5-172　选择笔刷

图 5-173　刻画造型

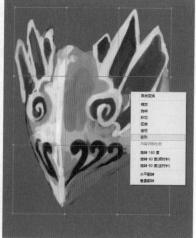

图 5-174　变形对象

图 5-175　调整图形位置

21　选择加深工具，打开其余图层作为参考，将选中部分再一次进行光源的调整，如图 5-176 所示。改变画笔属性，如图 5-177 所示。

22　进一步丰富色彩，如图 5-178 所示。打开该图层的"混合模式"选项，选择"渐变叠加"，如图 5-179 所示。

图 5-176　调整光源

图 5-177　改
变画笔属性

图 5-178　调整色彩

图 5-179　选择渐
变叠加

23　改变混合模式,如图 5-180 所示。单击渐变色彩区域,进行色彩叠加的色相选择,如图 5-181 所示。

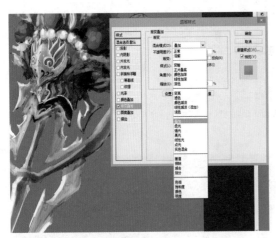

图 5-180　改变图层混合模式

图 5-181　选择色相

24　选择"椭圆选框工具",如图 5-182 所示。按住"Ctrl"键拖出一个正圆,然后填色,如图 5-183 所示。

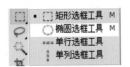

图 5-182　选择椭圆选框工具

图 5-183　绘制正圆并填色

25　打开混合模式并选择"渐变叠加"，改变图层样式，如图5-184所示，然后调整叠加的色彩，如图5-185所示。

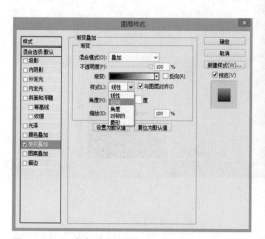

图5-184　改变图层样式

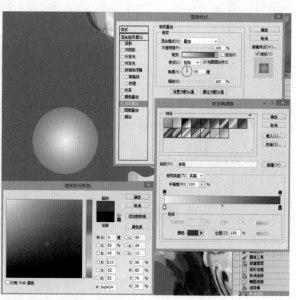

图5-185　调整叠加色彩

26　将样式的位置进行调整，使它符合光源的方向，如图5-186所示，勾选"内发光"并选好光线色彩，如图5-187所示。

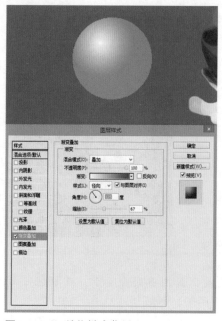

图5-186　调整样式位置

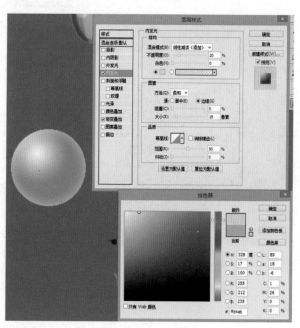

图5-187　选择内发光及光线色彩

27　勾选"外发光"并选择光线的色彩，如图5-188所示。勾选"斜面和浮雕"选项，并调整参数，重新调整受光面和阴影的色彩，如图5-189所示。

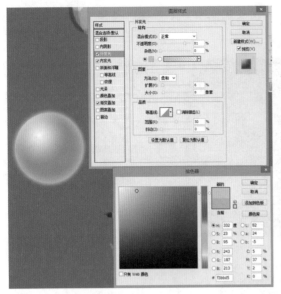

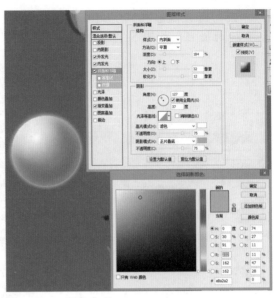

图 5-188 选择外发光及光线色彩　　　　**图 5-189** 调整色彩

28 打开其余图层进行对比，一颗珍珠就完成了，如图 5-190 所示。选择珍珠这一层并单击右键，打开子菜单并复制这一层，如图 5-191 所示。

29 使用快捷键"Ctrl+T"调整珍珠大小，如图 5-192 所示，然后将本图层转换为智能图像，如图 5-193 所示。

图 5-190 珍珠效果　　　**图 5-191** 复制图层　　　**图 5-192** 调整珍珠大小

30 使用同样的原理和步骤，将整个珍珠部分完成，如图 5-194 所示。选择较小的珍珠那一层，在图像选单里找到"亮度/对比度"进行调整，如图 5-195 所示。

31 根据整体的主次关系调整全部珍珠的自然饱和度，如图 5-196 所示，选中所有的珍珠层，如图 5-197 所示。

32 合并所有的珍珠层，然后对整体进行选择，如图 5-198 所示。将画笔的属性进行调整，如图 5-199 所示。

图 5-193　转换为智能对象

图 5-194　完成珍珠绘制

图 5-195　调整亮度 / 对比度

图 5-196　调整自然饱和度

图 5-197　合并图层

图 5-198　选择珍珠罢

图 5-199　调整画笔属性

33　打开其余图层对比着调整，如图 5-200 所示，按图层顺序，接下来刻画绒球层。

34　选择涂抹工具，选择任意一款柔性画笔，如图 5-201 所示，从最后面开始往前涂抹出效果，如图 5-202 所示。

图 5-200　调整效果

图 5-201　选择画笔

图 5-202　涂抹效果

35　整体涂抹出的效果要有主次关系，如图 5-203 所示，选择整体部分，如图 5-204 所示。

36 根据光源的位置对整体进行调整，如图 5-205 所示，选择"牌"这一层，如图 5-206 所示。

图 5-203　涂抹效果　　　　图 5-204　选择对象　　　　图 5-205　调整对象

37 确定"牌"的整体位置，用整块颜色进行确定，如图 5-207 所示。刻画鱼鳞纹的时候注意整体的疏密关系，这一部分绘制的时候，将其与部分的图层打开作为同步参考，如图 5-208 所示。

图 5-206　选择图层　　　　图 5-207　确定"牌"位置　　　　图 5-208　刻画鳞纹

38 区分远处与近处的色温差别，如图 5-209 所示，然后进行体积感的塑造，如图 5-210 所示。

39 刻画"毛发"部分，首先选择主体，准备进行色彩划分，如图 5-211 所示。然后选择一款柔性画笔，如图 5-212 所示。

40 将画笔属性调整为"叠加"或者"颜色"，如图 5-213 所示，根据光源和阴影遮挡对整体色彩进行调整，如图 5-214 所示。

41 选择涂抹工具并将涂抹的笔刷改为有压力大小变化的笔刷，这样涂抹出来的毛发效果会比较明显，如图 5-215 所示。

图 5-209　调整色温

图 5-210　绘制体积感

图 5-211　选择对象

图 5-212　选择画笔　　图 5-213　调　图 5-214　调整色彩　　图 5-215　选择笔刷
整画笔属性

42　从远处往近处一层一层地涂抹，遮盖的毛发效果会更加自然，如图 5-216 所示，毛发的方向要顺着主体变动的方向，如图 5-217 所示。

43　涂抹毛发的时候要注意，如果毛发过多，也要涂抹出它的疏密关系，如图 5-218 所示，无论怎么改变方向一定要使整体效果有一个主要方向，不能杂乱，如图 5-219 所示。

图 5-216　毛发效果

图 5-217　毛发效果

图 5-218　毛发效果

44 将涂抹变化的强度调高，如图 5-220 所示，拉出个别较长的毛发，丰富造型，如图 5-221 所示。

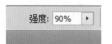

图 5-219 毛发效果　　　　　　　图 5-220 调整强度　　图 5-221 绘制造型

45 使用魔棒工具选中主体，如图 5-222 所示，并改变画笔属性，如图 5-223 所示。

46 因为涂抹过程会改变原有的色彩分布，所以在毛发塑造完成后，需要对色彩再进行一次调整，如图 5-224 所示，隐藏掉上部分的图层后，准备进行手柄部分的刻画，如图 5-225 所示。

图 5-222 选择对象　　图 5-223 改　　图 5-224 图层面板　图 5-225 刻画手柄
　　　　　　　　　　变画笔属性

47 选择一款硬边缘的画笔，如图 5-226 所示，然后确定这部分的固有色和基本结构，如图 5-227 所示。

48 这部分的结构较之前所画的稍微复杂一点，有重叠的部分需要留出阴影，如图 5-228 所示，选择这部分主体，如图 5-229 所示。

49 选择任意一款柔边画笔，如图 5-230 所示，并改变画笔属性，如图 5-231 所示。

图 5-226　选择画笔

图 5-227　确定固有色和结构

图 5-228　绘制阴影

图 5-229　选择对象

图 5-230　选择画笔

图 5-231　改变画
笔属性

50　叠加色彩的时候要注意受光面和背光面的冷暖关系，如图 5-232 所示。手柄部分的细节也可以用硬边缘的画笔刻画，如图 5-233 所示。

51　打开所有图层对比着进行调整，如图 5-234 所示，使用套索工具将弓臂勾勒出来，如图 5-235 所示。

图 5-232　叠加色彩

图 5-233　刻画手柄细节

图 5-234　调整图像

52　按"Ctrl+Shift+J"键将弓臂切分出来并隐藏，如图 5-236 所示。选择"爪"部分，按照固有色的用色将被切割的部分填充起来，如图 5-237 所示。

图 5-235 选择对象

图 5-236 图层面板

图 5-237 填充对象

53 使用魔棒工具选择"爪"的主体部分，如图 5-238 所示。

54 选择一款有粗糙纹理的画笔，如图 5-239 所示，改变画笔的属性为"颜色"，如图 5-240 所示。

图 5-238 选择"爪"

图 5-239 选择画笔

图 5-240 改变画笔属性

55 打开拾色器，按照设计的需求将"爪"制作出"寒冰"的感觉，如图 5-241 所示。可以使用特殊纹理的画笔绘制出寒冰内部自然纹理的感觉，如图 5-242 所示。

56 打开拾色器，因为要制作的是"寒冰"效果，所以透光部分需要更深的颜色，如图 5-243 所示，将画笔属性改变为"强光"，如图 5-244 所示。

57 再次打开拾色器选择浅色做反光，如图 5-245 所示，绘制之前调整画笔属性为"正片叠底"，如图 5-246 所示。

58 打开弓臂的图层，如图 5-247 所示，在有投影的地方加深投影效果，如图 5-248 所示。

59 有投影的部分根据光源的方向都要加深，如图 5-249 所示，将爪的主体细节再深度刻画一下，突出其体感，如图 5-250 所示。

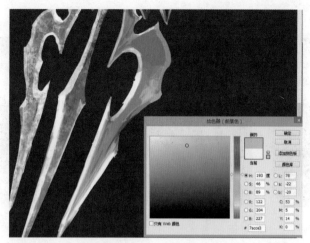

图 5-241 制作寒冰效果

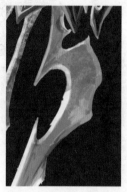

图 5-242 绘制自然纹理

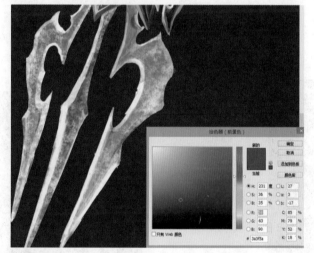

图 5-243 选择颜色

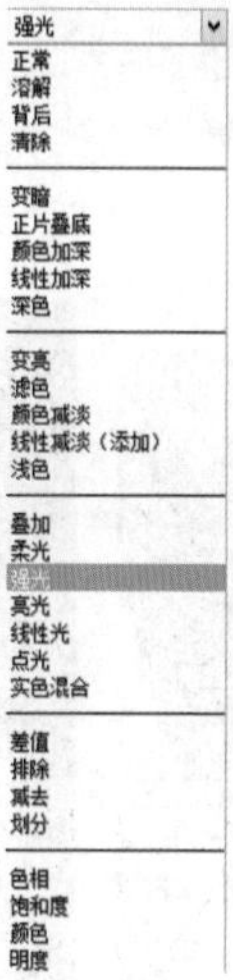

图 5-244 调整画笔属性

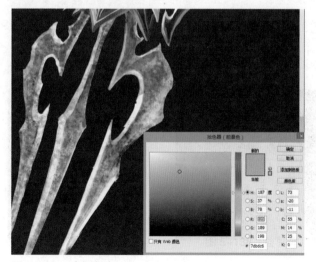

图 5-245 选择颜色

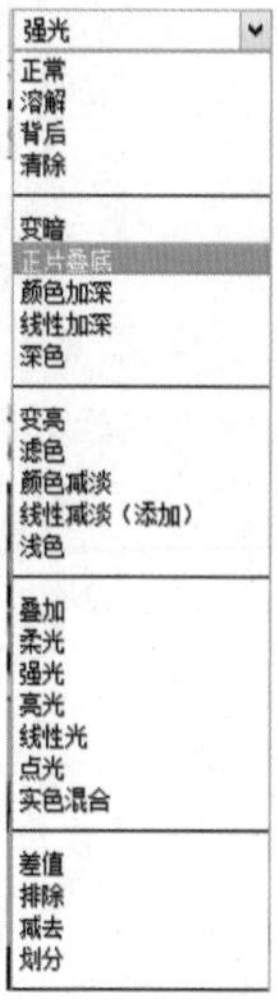

图 5-246 调整画笔属性

图 5-247　选择
　　　　　　图层

图 5-248　加深投影效果

图 5-249　加深投影效果

图 5-250　刻画爪的主体
　　　　　　细节

60　强调"爪"的厚度和造型体积的结构，如图 5-251 所示，整体完成后对主次关系再调整一下，如图 5-252 所示。

61　选中弓臂那一层并打开所有图层便于对比，如图 5-253 所示，先描绘出大致的造型，如图 5-254 所示。

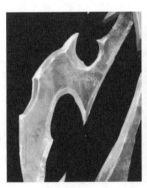

图 5-251　刻画细节

图 5-252　调整主次

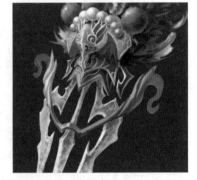

图 5-253　选择图层　　图 5-254　描绘造型

62　选择硬边缘的任意画笔，准备刻画细节，如图 5-255 所示，在刻画细节的时候注意协调其他部分的主次关系，如图 5-256 所示。

63　使用减淡工具强调一下受光面，如图 5-257 所示。

图 5-255　选择画笔

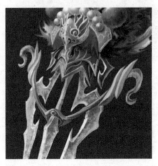

图 5-256　刻画细节

图 5-257　强调受光面

64 在"爪"那一层之上新建一个图层,强化一下弓臂部分的投影,如图 5-258 所示。

65 使用魔棒工具选中"爪"部分,如图 5-259 所示,然后选择一款硬边缘画笔绘制投影,如图 5-260 所示。

图 5-258　新建图层　　　　　图 5-259　选择爪　　　　　图 5-260　选择画笔

66 投影的位置要根据光源来确定,如图 5-261 所示,按"Ctrl+T"键调整整体造型,如图 5-262 所示。

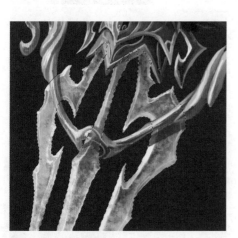

图 5-261　投影效果　　　　　　　图 5-262　调整造型

67 在方框内单击右键,弹出子菜单,选择"变形",如图 5-263 所示,根据透视关系调整一下大体造型,如图 5-264 所示。

68 在背景工作层上新建一个图层,绘制新的背景,如图 5-265 所示,然后打开拾色器,用油漆桶工具铺满底色,如图 5-266 所示。

69 选择一款带有一定原始造型的笔刷,如图 5-267 所示,打开拾色器选择蓝色的相反色橘黄色,如图 5-268 所示。

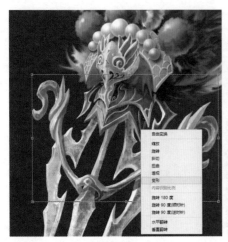

图 5-263　选择变形命令　　　　　图 5-264　调整造型　　　　　图 5-265　新建图层

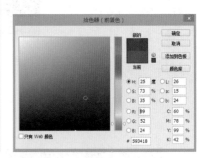

图 5-266　填充底色　　　　　图 5-267　选择笔刷　　　　　图 5-268　选择颜色

70　因为"爪"部分是蓝色的，所以这部分区域的背景色用相反色更能衬托出主体，如图 5-269 所示。

71　选择涂抹工具，然后选择有夸张造型的笔刷准备丰富背景图案造型，如图 5-270 所示，丰富的无序纹理可以更有效地衬托主体部分，如图 5-271 所示。

图 5-269　绘制效果　　　　　图 5-270　选择笔刷　　　　　图 5-271　涂抹效果

72 根据需求再调整一下各部分细节，爪弓就绘制完成了，如图 5-272 所示。

图 5-272　爪弓效果图

▶ 第四节　魔幻水晶盾

　　盾牌是古代作战时一种手持格挡，用以掩蔽身体，抵御敌方兵刃、矢石等兵器进攻的防御性兵械，一般呈长方形或圆形，其尺寸不等。盾的中央向外凸出，形似龟背，内面有数根系带，称为"挽手"，以便使用时抓握。在古代东方以及古希腊、古罗马等国家，作战时都广泛使用盾牌。约公元前两千年前出现了铜盾，后来又出现了铁盾。盾牌的表面一般都包有一层或者是数层皮革，可以防止箭、矛和刀剑的攻击。通常还绘有各种彩色的图案、标志、徽章等。

　　在游戏中，这一类防御性的道具具有一定的代表性和普遍性。设计这一类防御性道具时，主要根据游戏故事本身对"盾牌"所赋予的意义来确定它的设计方向。通常情况下，盾牌以物理防御为主，这种方向就是实用主义的方向；第二种就是有象征意义的"盾牌"，以传导标志性事物为前提，主要是为了彰显其团队的特征，或者突出某个图腾式的象征意义；第三种就是前两种的结合，这样的结合方式比较多见，也是本例重点介绍的内容。

设计制作思路

（1）按照设计文本需求，寻找一些水晶和骨骼的参考图片。

（2）绘制半边草图，利用图层原理，拼接完整草图。

（3）绘制材质部署的区域，注意疏密关系和透视关系。

（4）填充色彩，根据光源增强体积感受。

（5）骨材质的深度刻画技法。

（6）水晶材质的刻画技法与光效的制作。

（7）简单背景与氛围的塑造。

魔幻水晶盾的效果图如图 5-273 所示。

图 5-273 魔幻水晶盾效果图

1 根据设计需求，首先选择一些参考图片作为设计时的参考。如图 5-274 所示。

图 5-274 造型与材质参考

图 5-274　造型与材质参考（续）

[2]　使用 Photoshop CS6 新建一个项目，然后新建图层并填充黑色为背景色，新建组并建立第一草稿层，如图 5-275 所示。

[3]　将背景色的不透明度调整到 45%，然后选择画笔，如图 5-276 所示。

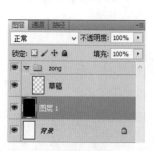

图 5-275　新建图层

图 5-276　选择画笔

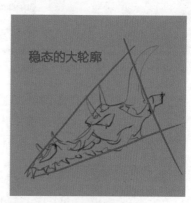

图 5-277　绘制草图

[4]　首先画出一个怪兽的头骨草图。在设计时要保证大轮廓的稳态，如图 5-277 所示，按 "Ctrl+T" 键旋转角度，如图 5-278 所示。

[5]　在草稿图层上单击右键打开子菜单并选择复制图层命令，如图 5-279 所示，在草稿上单击右键，打开子菜单，选择水平翻转，如图 5-280 所示。

[6]　在草稿上单击右键，选择变形，如图 5-281 所示，根据透视关系，对外轮廓进行调整，如图 5-282 所示。

[7]　对位置进行调整，把水晶的位置留出来，注意调整透视关系，近大远小是透视的基本原理，如图 5-283 所示，选择两个图层并合并，如图 5-284 所示。

图 5-278　旋转草图

图 5-279　复制图层

图 5-280　水平翻转

图 5-281　变形

图 5-282　调整外轮廓

图 5-283　调整位置

8　大致描绘出水晶的位置并简单造型，如图 5-285 所示。

9　使用魔棒工具选中主体部分，如图 5-286 所示，在草稿层的下面新建一个图层，作为主体铺色，如图 5-287 所示。

图 5-284　合并图层

图 5-285　绘制水晶

图 5-286　选择对象

10　打开拾色器，在其中选择任意一种有色相的颜色，如图 5-288 所示。

11　使用油漆桶工具填充颜色，填充的时候注意对没有被选中的部分随时进行调整，如图 5-289 所示，复制草稿图层，如图 5-290 所示。

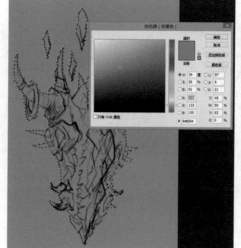
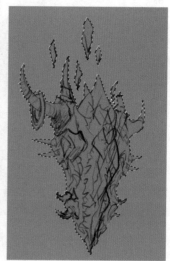

图 5-287　新建图层　　　　　图 5-288　选择颜色　　　　　　　　图 5-289　填充颜色

12　将副本位置调至最下层，后期作为参考原型，选择草图层和有色层，如图 5-291 所示，单击右键，在打开的菜单中选择"合并图层"命令将其合并，如图 5-292 所示。

13　打开画笔编辑器，调整各项参数，得到自己喜欢的画笔类型，如图 5-293 所示，然后改变画笔属性为"叠加"，如图 5-294 所示。

图 5-290　复制图层　　　图 5-291　选择图层　　　图 5-292　合并图层　　图 5-293　选择画笔

14　选择类似于陈旧骨头的颜色，如图 5-295 所示，然后简单地对体积进行造型，如图 5-296 所示。

15　改变画笔属性为"线性减淡（添加）"，做出更多计算机计算的绘图效果，方便造型，如图 5-297 所示。大致确定一下光源方向，并调整大体的体积黑白灰关系，如图 5-298 所示。

图 5-294 改变
画笔属性

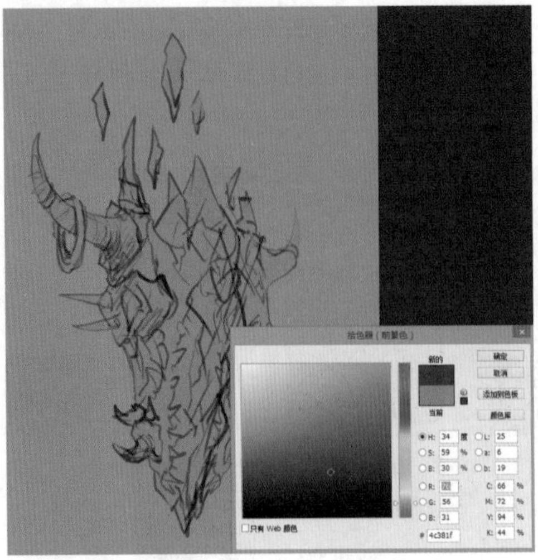

图 5-295 选择颜色

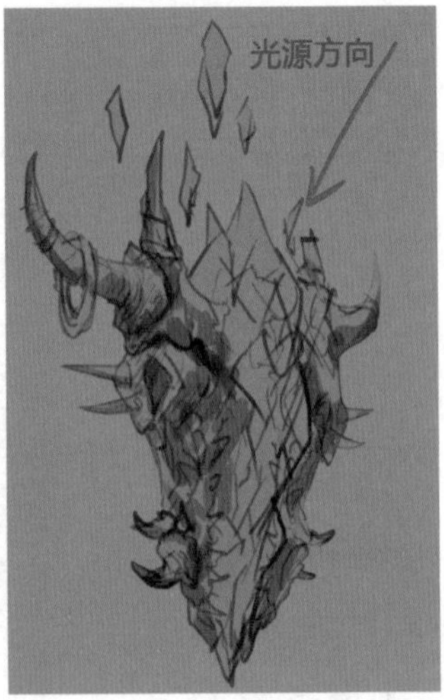

图 5-296 对体积进行造型

16 再次改变画笔属性为"叠加",如图 5-299 所示,打开拾色器,在其中选择水晶的固有色,如图 5-300 所示。

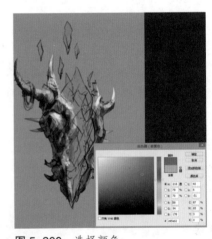

图 5-297 改
变画笔属性

图 5-298 调整黑白灰
关系

图 5-299 改
变画笔属性

图 5-300 选择颜色

17 确定水晶位置后,叠加出固有色,如图 5-301 所示,然后改变画笔属性为"线性减淡(添加)",作出高光与反光的大致区域,如图 5-302 所示。

18 选择套索工具勾勒出左半块头骨部分,如图 5-303 所示。

19 按"Ctrl+Shift+J"键将此部分分离出来,如图 5-304 所示,然后使用同样的方法分离其他两部分,如图 5-305 所示。

20 改变橡皮擦画笔笔触,最好选择硬边缘的,如图 5-306 所示。将各部分细节边缘进行整理,如图 5-307 所示。

21 修正边缘的时候要根据体积的结构,如图 5-308 所示。

22 使用魔棒工具选中这部分主体,如图 5-309 所示。选择画笔,接下来准备刻画细节,如图 5-310 所示。

图 5-301　填充固有色

图 5-302　绘制高光反光区域

图 5-303　选择左块骨头

图 5-304　分离对象　图 5-305　分离对象

图 5-306　改变画笔笔触

图 5-307　调整细节边缘

图 5-308　修正边缘

图 5-309　选择对象

图 5-310　选择画笔

23 改变底层辅助色的不透明度，如图 5-311 所示。在刻画的时候注意整体的造型节奏，如图 5-312 所示。

[24] 在塑造体积感的时候,要注意光源变化对体积感的影响,如图 5-313 所示。按"R"键打开"画布旋转"选项,将画布调整角度,便于自己刻画,如图 5-314 所示。

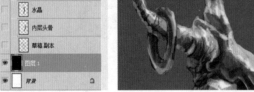
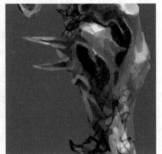

图 5-311　改变不透
明度

图 5-312　刻画造型

图 5-313　塑造体积感

图 5-314　调整画布

[25] 注意红色箭头代表的就是原图的正上方方向,如图 5-315 所示。刻画这个角度的时候,主要是为了控制头骨的结构,但是也要注意光源同时也在改变,如图 5-316 所示。

[26] 单击"复位视图",画面就回归原来的样子,如图 5-317 所示。这一次的刻画只是为了梳理大的面与面的关系,如图 5-318 所示。

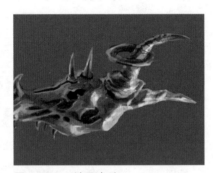

图 5-315　刻画造型

图 5-316　刻画造型

图 5-317　复位视图

[27] 选择"外层头骨"图层,并打开其他图层作为参照,如图 5-319 所示。使用魔棒工具选择主体,如图 5-320 所示。

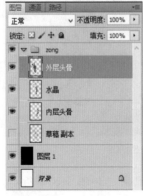

图 5-318　刻画造型

图 5-319　选择图层

图 5-320　选择对象

28　选择一款有明显粗糙纹理的画笔，如图 5-321 所示，然后改变画笔属性为"叠加"，如图 5-322 所示。

29　纹理主要绘制在平面面积较大的区域，有较强结构感的地方少用，如图 5-323 所示，整体纹理铺设的时候注意颜色的变化并及时调整，如图 5-324 所示。

图 5-321　选择画笔　　　图 5-322　改　图 5-323　绘制纹理　　图 5-324　绘制纹理
变画笔属性

30　打开图像主菜单，在调整命令中选择"自然饱和度"，如图 5-325 所示，根据其他部分的颜色感受调整参数，如图 5-326 所示。

31　使用魔棒工具选择主体部分，如图 5-327 所示，丰富一下颜色，根据骨头霉变感受来补色，如图 5-328 所示。

图 5-325　选择自然饱和度　　　图 5-326　调整自然饱和度　　　图 5-327　选择对象

32　在做这部分工作的时候，同时也可以再一次丰富骨骼结构，如图 5-329 所示。牙齿部分注意带一点水晶的颜色，以与环境色呼应，如图 5-330 所示。

33　使用加深工具调整光源以及光源感受，如图 5-331 所示。

34　选择水晶图层，并打开"外层头骨"图层，如图 5-332 所示。使用魔棒工具选中水晶部分，如图 5-333 所示。

图 5-328 调整色彩

图 5-329 调整骨骼结构

图 5-330 调整牙齿颜色

35 选择硬边缘的任意一款画笔，如图 5-334 所示，然后改变画笔属性为 "叠加"，如图 5-335 所示。

图 5-331 调整光源

图 5-332 打开图层

图 5-333 选择水晶

图 5-334 选择画笔

36 先将小部分的水晶描绘大致的受光面与背光面，以此来试一试笔刷效果和颜色趋向，如图 5-336 所示，然后扩展至大块的水晶部分，注意在刻画的时候区分主次关系，如图 5-337 所示。

图 5-335 改变画笔属性

图 5-336 绘制水晶

图 5-337 绘制水晶

37　选择有分裂纹理的画笔，如图 5-338 所示。从受光面部分开始铺设纹理，如图 5-339 所示。

38　选择涂抹工具在小块水晶上涂抹，如图 5-340 所示。

39　注意区分每一个小水晶的造型特征，如图 5-341 所示。在涂抹大块水晶的透光部分时要注意保留前面部分的视觉优先性，如图 5-342 所示。

图 5-338　选择画笔　　　　图 5-339　绘制纹理　　　　图 5-340　涂抹水晶　　　图 5-341　涂抹水晶

40　整体涂抹完成后，检查一下主次关系，如图 5-343 所示，然后用魔棒工具选择整个水晶部分，如图 5-344 所示。

图 5-342　涂抹水晶　　　　　图 5-343　调整主次关系　　　　图 5-344　选择水晶

41　选择任意粗糙纹理的笔刷，如图 5-345 所示，然后改变画笔属性为"线性减淡（添加）"，如图 5-346 所示。

42　打开拾色器，在其中选择较浅色，如图 5-347 所示。使用油漆桶工具填充颜色，顺序还是从小块的水晶开始，如图 5-348 所示。

43　先改变画笔的造型，如图 5-349 所示，然后丰富纹理，如图 5-350 所示。

图 5-345 选择笔刷

图 5-346 改变画笔属性

图 5-347 选择颜色

图 5-348 填充颜色

图 5-349 改变画笔造型

图 5-350 绘制纹理

44 改变画笔属性为"叠加",如图 5-351 所示,打开拾色器,在其中选择深蓝色,如图 5-352 所示。

45 在主体部分再加深一点,可以根据水晶这类透明物质的特性来调整,如图 5-353 所示,然后换一种有明显造型的笔刷,如图 5-354 所示。

图 5-351 改变画笔属性

图 5-352 选择颜色

图 5-353 调整颜色

46　打开拾色器，在其中选择其相近色，如图 5-355 所示，丰富一下色彩，主要集中在背光面表现，如图 5-356 所示。

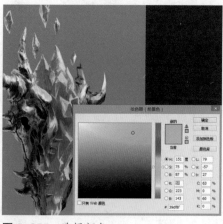

图 5-354　选择笔刷　　　　图 5-355　选择颜色　　　　　　　　　　图 5-356　调整色彩

47　使用加深工具，并改变使用工具的有效范围，如图 5-357 所示。

48　在主体中心位置再加深一点，把水晶的厚度体现出来，如图 5-358 所示。

49　使用减淡工具并改变有效范围，如图 5-359 所示，然后在受光面部分进行减淡，如图 5-360 所示。

图 5-357　设置　图 5-358　加深对象　　　　图 5-359　设置　图 5-360　减淡对象
范围　　　　　　　　　　　　　　　　　　范围

50　选择"内层头骨"图层，并同时打开以上两个图层，如图 5-361 所示，将大的体积感塑造出来，如图 5-362 所示。

51　使用魔棒工具选择这部分主体，如图 5-363 所示。

52　选择任意一款有粗糙纹理的画笔，如图 5-364 所示，改变画笔属性为"叠加"，如图 5-365 所示。

53　在绘制纹理的时候，可以根据骨头的陈旧度添加一些主观色彩，如图 5-366 所示，在图像中的子菜单里找到"自然饱和度"。

图 5-361 打开图层

图 5-362 塑造体积感

图 5-363 选择对象

图 5-364 选择画笔

图 5-365 改变画笔属性 图 5-366 绘制纹理

54 根据前面部分的颜色感受调整自然饱和度的参数，如图 5-367 所示，对比后再进一步进行色彩的整体调整，如图 5-368 所示。

55 使用硬边缘的画笔进行细部的刻画，如图 5-369 所示，注意光源的方向，如图 5-370 所示。

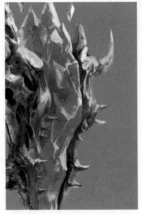

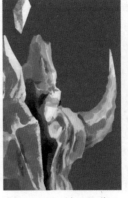

图 5-367 设置自然饱和度 图 5-368 调整色彩 图 5-369 刻画细节 图 5-370 刻画细节

56 刻画的程度要前后对比一下，要符合整体的主次关系，如图5-371所示，按"Ctrl+B"键调整色彩趋向，如图5-372所示。

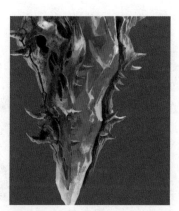

图5-371 刻画细节

图5-372 调整色彩

57 改变画笔属性为"颜色"，打开拾色器，在其中选择金古铜色，如图5-373所示。

58 将环这部分颜色替换掉，如图5-374所示，选择涂抹工具并选择好涂抹笔刷。

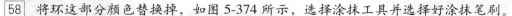

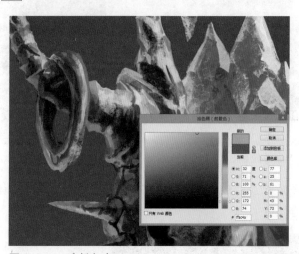

图5-373 选择颜色

图5-374 替换颜色

59 涂抹金属环，要注意金属光泽的走向，如图5-375所示。

60 在滤镜菜单中选择"液化"命令，打开面板后，在其中调整参数，如图5-376所示，主要是调整透视关系，如图5-377所示。

61 使用海绵工具并降低部分饱和度，使色彩的视觉靠前感受进一步地拉开，如图5-378所示。

62 打开拾色器，在其中选择相反色的深色，如图5-379所示。在环上刻画一些符文，如图5-380所示。

63 将高光和反光处理出来，如图5-381所示。在最底层新建图层，打开拾色器，选择区别于主体的颜色，如图5-382所示。

图 5-375　涂抹金属环

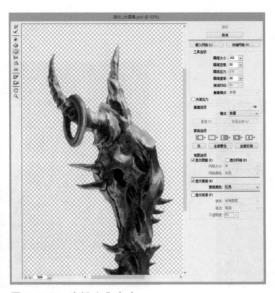

图 5-376　选择液化命令

图 5-377　调整图像

图 5-378　调整图像

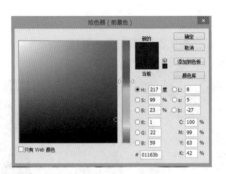

图 5-379　选择颜色

图 5-380　绘制符文

64　选择有拖拽效果的笔刷，绘制背景的纹理，如图 5-383 所示，打开"图层样式"菜单，选择"渐变叠加"，如图 5-384 所示。

图 5-381　绘制高光和反光

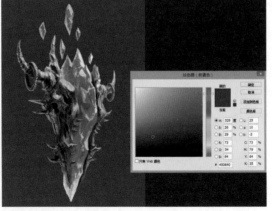

图 5-382　选择颜色

图 5-383　选择笔刷

65 打开渐变拾色器，在顶端选择接近主体色彩的深蓝色，如图 5-385 所示，另一端选择浅绿色，营造出骨头带来的灵异感，如图 5-386 所示。

图 5-384 选择渐变叠加

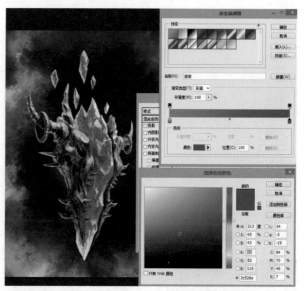

图 5-385 选择颜色

66 调整叠加色彩的角度，如图 5-387 所示，然后将此图层转化为智能对象，如图 5-388 所示。

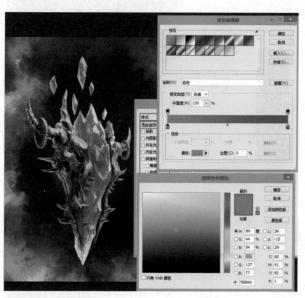

图 5-386 选择颜色

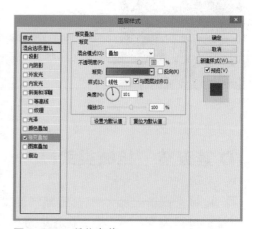

图 5-387 调整参数

67 栅格化该图层，按"Ctrl+B"键降低饱和度并调整参数，如图 5-389 所示。

68 绘制一个简单的符文特效，因为是头骨水晶盾，所以符文需要有野蛮的感觉。如图 5-390 所示，打开该图层的混合选项，将"叠加"属性修改为"颜色"，调整色彩的渐变效果，如图 5-391 所示。魔幻水晶盾就绘制完成了，效果如图 5-392 所示。

图 5-388 将图层
转换为智能图像

图 5-389 调整色相 / 饱和度

图 5-390 绘制符文特效

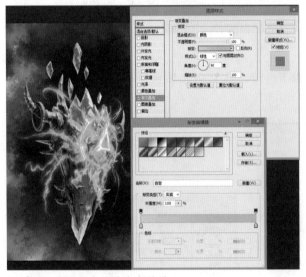

图 5-391 调整色彩的渐变效果

图 5-392 魔幻水晶盾效果图

▶ 第五节 枪械类武器——科技枪

枪械类武器是指利用火药燃气能量发射子弹，口径定义为 20 毫米以下的身管射击武器。口径大于 20 毫米以上定义为"火炮"，枪械类武器以发射枪弹，打击无防护或弱防护的有生目标为主，是步兵的主要武器，亦是其他兵种的辅助武器，在民间广泛用于治安警卫、狩猎、体育比赛等。

科技枪，顾名思义就是在外形设计和构造上和现代枪械有所区别。设计这类道具的时候，应注意以下几点：

（1）外观设计上要体现出科技的特点，以简约、实用为主。

（2）要注意科技的表现形式，比如光效、字幕、烟雾等。

（3）要注意纹理效果。这个是附加的效果，其目的是体现场景感受和烘托氛围。

（4）在绘制科技枪时，还要注意透视关系以及对规则体的外形造型的刻画技巧。

设计制作思路

（1）按照设计文本需求，先寻找相应的参考图片，注意造型的新颖性。

（2）绘制草图，注意透视关系。

（3）进一步细化草图，丰富设计。

（4）填充色彩，根据光源增强体积感受。

（5）做旧材质的刻画，注意磨损的设计感。

（6）特殊效果字体的制作流程，注意透视关系，注意光线的远近衰减。

（7）简单背景与氛围的塑造。

科技枪的效果图如图5-393所示。

图5-393 科技枪效果图

1 首先找一些现代枪械做参考，如图5-394所示。

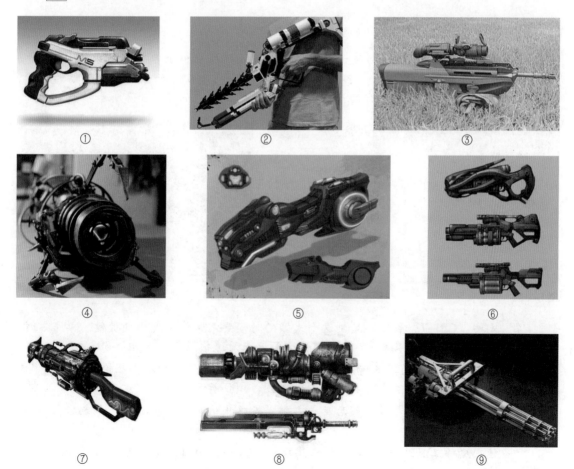

①   ②   ③

④   ⑤   ⑥

⑦   ⑧   ⑨

图5-394 造型与材质参考

⑩ ⑪ ⑫

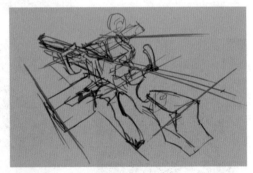

⑬ ⑭

图 5-394 造型与材质参考（续）

2 使用 Photoshop CS6 新建一个项目，并设置好尺寸和分辨率，如图 5-395 所示。

3 选择一款勾线笔刷，准备线稿的绘制，如图 5-396 所示。在绘制线稿的时候，可以把辅助线画得明显一点，有助于在透视关系上的处理，如图 5-397 所示。

图 5-395 新建项目 **图 5-396** 选择画笔 **图 5-397** 绘制线稿

4 先按"Ctrl+T"键，在绘制这个武器的时候要常常使用这组快捷键。单击右键，打开子菜单，选择"水平翻转"，目的是换个角度来看透视关系，如图 5-398 所示。

5 使用颜色较深的笔进行细节的初步刻画，如图 5-399 所示。在轮廓造型上用深色笔，可以方便设计者对主要结构的记忆，如图 5-400 所示。

6 再次按"Ctrl+T"键，然后单击右键，在弹出的菜单中选择"水平翻转"，如图 5-401 所示。

7 使用魔棒工具选中外部空白处，然后按"Ctrl+Shift+I"键反选，如图 5-402 所示。在草稿层的下面新建一个图层，如图 5-403 所示。

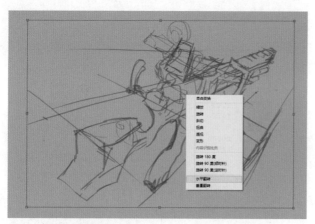

图 5-398　翻转图像

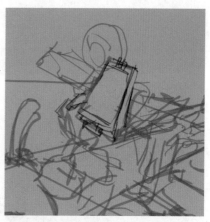

图 5-399　绘制图像

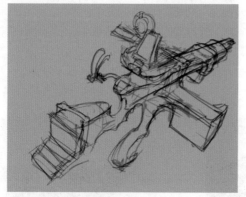

图 5-400　绘制图像

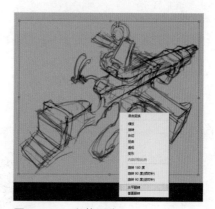

图 5-401　翻转图像

8　打开拾色器，选择将要绘制的主色调，如图 5-404 所示，将选区内部分全部涂满，以区分主体部分，如图 5-405 所示。

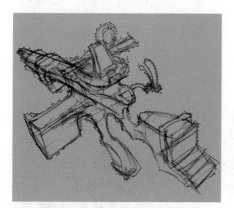

图 5-402　反选对象

图 5-403　新建图层

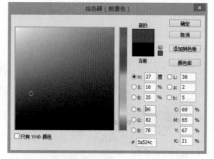

图 5-404　选择颜色

9　选中草稿层，单击右键，在打开的子菜单中选择"复制图层"命令复制本图层，如图 5-406 所示。将新复制的图层拖至最底层，然后选中原草图层和填色层，单击右键，在打开的子菜单中，选中"合并图层"命令，如图 5-407 所示。

图 5-405　填充颜色

图 5-406　复制图层

图 5-407 合并图层

⑩　选择硬边缘的笔刷，如图 5-408 所示。再次整理整体细部结构，为接下来铺设受光面做准备，如图 5-409 所示。

⑪　设定枪口方向为光源方向，如图 5-410 所示。用魔棒工具将整个主体选中，如图 5-411 所示。

图 5-408　选择笔刷

图 5-409　整理细部

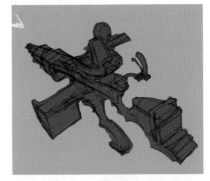

图 5-410　设定光源方向

⑫　选择有固定边缘造型的笔刷，要区别于勾线笔刷，如图 5-412 所示。然后将画笔属性调整为"叠加"。

图 5-411　选择主体

图 5-412　选择笔刷

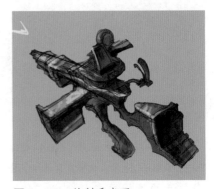

图 5-413　绘制受光面

13 将受光面简单地表达出来，注意各个层级的受光面的处理，如图 5-413 所示。按 "Ctrl+T" 键并单击右键，将画面水平翻转，如图 5-414 所示。

14 将画笔属性调整为 "线性减淡（添加）"，进一步深化体积感，然后处理一些简单的纹理，如图 5-415 所示。

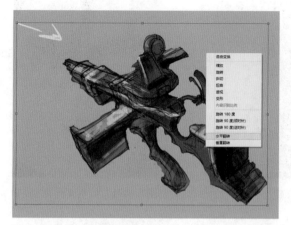

图 5-414　水平翻转图像

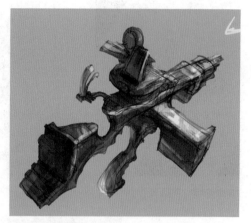

图 5-415　深化体积感

15 枪头部分注意结构的层次和透视关系的变化，如图 5-416 所示。瞄准器这部分要注意背光部分的整体感受，背光部分的结构也是要清晰的，如图 5-417 所示。

16 选择硬边缘的尖头笔刷，如图 5-418 所示。按 "R" 键旋转画布，将沿着枪身的侧腰线大致垂直于视线，如图 5-419 所示。

图 5-416　绘制枪头

图 5-417　绘制瞄准器

图 5-418　选择笔刷

17 简单刻画枪头部分，旋转画布的效果就是便于从侧腰线来对其进行刻画，如图 5-420 所示。背光部分的感受要能体现体积关系，也要把结构层次理出来，如图 5-421 所示。

18 按 "R" 键，并在工具栏上找到旋转工具的操作栏，点击 "复位视图"，如图 5-422 所示。按 "Ctrl+T" 键并单击右键，选择 "水平翻转"，并随时变换方向，有利于查看和检查透视关系，如图 5-423 所示。

19 对枪托消声器部分再加上一些简单的空洞结构，使它有贴近现代武器造型的感

觉，如图 5-424 所示。对于瞄准镜部分，应注意把各个结构的前后主次关系和透视关系
处理好，如图 5-425 所示。

图 5-419　旋转画布

图 5-420　刻画枪头

图 5-421　绘制背光部分

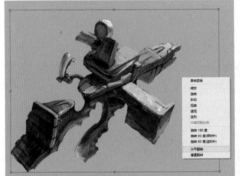

图 5-422　复位视图

图 5-423　水平翻转

图 5-424　绘制枪托消声器

[20]　对于弹夹部分，在结构上整体是一个矩形体，所以其中大块面的黑白灰结构要
先于其他细节来处理，如图 5-426 所示。至于枪托部分做一个简单的变形就可以了，如
图 5-427 所示。

图 5-425　绘制瞄准器

图 5-426　绘制弹夹

图 5-427　绘制枪托

21　使用魔棒工具选中整个主体部分，如图 5-428 所示，然后选择一款有粗糙纹理的笔刷，如图 5-429 所示。

22　将笔刷属性改变为"叠加"，然后从枪口的部分开始叠加这样的纹理，如图 5-430 所示。

图 5-428　选择主体　　　　　　　　图 5-429　选择笔刷　　　　　　　图 5-430　绘制纹理

23　整体上完纹理后检查一下纹理的疏密关系，如图 5-431 所示。

24　使用加深工具在背光面整理一下层次，如图 5-432 所示，按"Ctrl+T"键再次水平翻转画面，如图 5-433 所示。

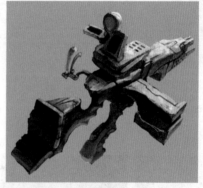

图 5-431　绘制纹理　　　　　　　　　　　图 5-432　调整层次

25　选择硬边缘的画笔，如图 5-434 所示，现在开始调整整体枪械的组成部件之间的造型，这里用硬边缘的笔刷比较合适，将组成部分先粗略地勾画出来，如图 5-435 所示。

26　在滤镜栏里选择"液化"，然后在"液化"窗口中调整结构与透视的问题，如图 5-436 所示。

27　根据透视原理调整靠近视觉近点的部分，如图 5-437 所示，然后选择硬边缘画笔，如图 5-438 所示。

28　将画笔属性改为"线性减淡（添加）"，从近处开始刻画细节，将光面的细节和背光面的细节拉开距离，如图 5-439 所示。

29　划分结构区域要注意在这个角度的视觉影像上的疏密关系，如图 5-440 所示。之前留下的纹理可以保留一些，如图 5-441 所示。

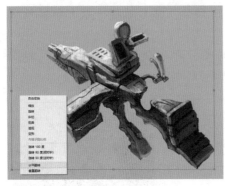
图 5-433 水平翻转画面

图 5-434 选择画笔

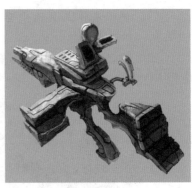
图 5-435 调整造型

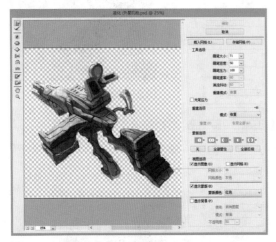
图 5-436 调整结构与透视

图 5-437 调整对象

图 5-438 选择画笔

30 不要忽略背光面的结构，这些部分是出彩的地方，如图 5-442 所示。在刻画弹夹盒子的时候注意背光面也有黑白灰关系，但是整体对比度要控制在背光面整体感受上，如图 5-443 所示。

图 5-439 刻画细节

图 5-440 刻画细节

图 5-441 刻画细节

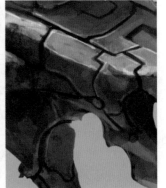
图 5-442 刻画细节

31 将结构造型的疏密关系打理好后，根据视觉感受的习惯，要用好方圆对比的感受，如图 5-444 所示。枪头部分的刻画就可以减略一些了，主要因为它在画面上是远处，不是视觉重点，如图 5-445 所示。

图 5-443　刻画弹夹盒

图 5-444　调整结构

图 5-445　刻画枪头

32　枪托部分可以做一些循环的造型，这部分在使用时主要为了减震，所以造型不用太复杂，如图 5-446 所示。手柄部分整体是处于背光面的，但是这里的结构也要刻画清楚，如图 5-447 所示。

33　选择"椭圆选框工具"，准备刻画瞄准镜，在瞄准镜部分拖出一个与原图大小相似的椭圆，如图 5-448 所示。

图 5-446　刻画枪托

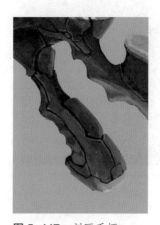

图 5-447　刻画手柄

图 5-448　刻画瞄准器

34　打开拾色器，在其中选择近似于原有色彩的中度灰的橙色，如图 5-449 所示，然后将画笔属性改变为"线性减淡（添加）"。

35　在反光面部分绘制简单的透镜效果，如图 5-450 所示。

36　选择涂抹工具并改变涂抹工具的笔刷样式，如图 5-451 所示，在涂抹的时候顺着椭圆的造型边缘涂抹，如图 5-452 所示。

37　在滤镜中找到"径向模糊"并设置好参数，将品质设置为"最好"，如图 5-453 所示。

38　按"Ctrl+T"键调整外部轮廓与原图部分的重合度，如图 5-454 所示。选中透镜层和原图层并单击右键，在打开的子菜单中选择"合并图层"命令，如图 5-455 所示。

39　选择模糊工具处理新制作的透镜层和原图结合的部分，使它显得更自然，如图 5-456 所示。

图 5-449　选择色彩

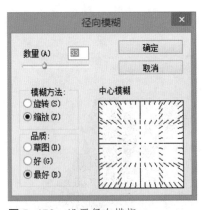

图 5-450　绘制透视效果

图 5-451　选择笔刷

图 5-452　调整椭圆造型

图 5-453　设置径向模糊

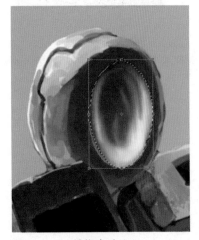

图 5-454　调整造型

图 5-455　合并图层

图 5-456　调整图像

40　选择"文字工具"输入一些字符和数字，如图 5-457 所示。

41　打开文字编辑，选择有特殊造型的字符文件，如图 5-458 所示。单击配色栏，打开拾色器，在其中选择和整体色调一致的橘黄色，如图 5-459 所示。

图 5-457　输入文字

图 5-458　编辑文字

42　选择文本图层，单击右键栅格化文字，如图 5-460 所示，按"Ctrl+T"键打开子菜单，选择"扭曲"命令，如图 5-461 所示。

图 5-459　选择颜色

图 5-460　栅格式文字

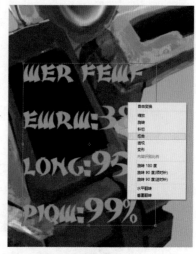

图 5-461　扭曲图像

43　将文字部分放置在显示栏，调整好透视关系，如图 5-462 所示，然后单击右键，复制文字图层，如图 5-463 所示。

44　在滤镜栏里打开"高斯模糊"，勾选"预览"并根据变化来调整半径参数，如图 5-464 所示。

45　将上面的文字图层选中，改变图层属性，如图 5-465 所示。检查文字效果是否满意，如果不满意可以多次调整，如图 5-466 所示。

46　再次复制这一层并恢复图层的属性为"正常"，如图 5-467 所示。

图 5-462　放置文字

图 5-463　复制文字图层

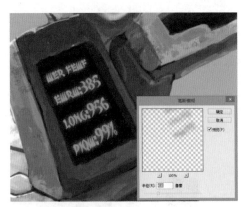
图 5-464　高斯模糊

图 5-465　改变图层属性

图 5-466　文字效果

图 5-467　改变图层属性

47　按 "Ctrl+B" 键将明度调到最高，如图 5-468 所示。按 "Ctrl+T" 键整体扩大，如图 5-469 所示。

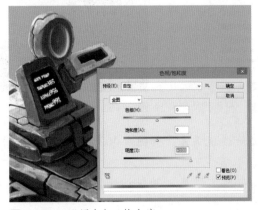
图 5-468　设置色相 / 饱和度

图 5-469　扩大图像

48　复制图层并打开 "高斯模糊"，调整参数，如图 5-470 所示。

49　选中上下两层，单击右键并在子菜单里选中 "合并图层" 命令，使用矩形选框工具做一个虚线框，并打开拾色器，如图 5-471 所示。

50 在中部再构建一个选区，减去这部分，如图 5-472 所示，按"Ctrl+T"键单击右键，在子菜单中选择"扭曲"命令，如图 5-473 所示。

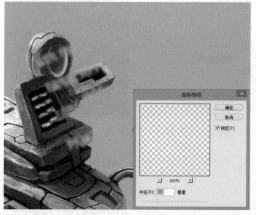

图 5-470 高斯模糊　　　图 5-471 选择颜色　　　图 5-472 减去选区

51 打开图层样式选单，勾选"外发光"并调整颜色，如图 5-474 所示，然后调整各图层的位置，如图 5-475 所示。

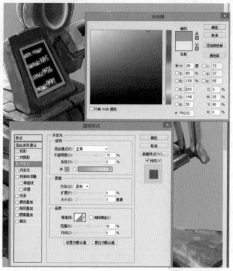

图 5-473 扭曲图像　　　图 5-474 设置颜色　　　图 5-475 图像效果

52 使用钢笔工具勾勒一个不规则的图形，这个图形的造型思路是以屏幕发光的方向来定的，如图 5-476 所示，按"Ctrl+Enter"键将工作区变为选区，如图 5-477 所示。

53 选择一款柔性边缘的软笔刷，如图 5-478 所示，并改变画笔属性为"线性减淡（添加）"。

54 在绘制过程中要保证前后的透光感受，如图 5-479 所示，然后复制该图层，如图 5-480 所示。

55 上下两层都要用橡皮擦工具擦去多余的部分，营造好光幕的感受，如图 5-481 所示。最后将之前的上层文字图层放上来，这样光幕效果就出来了，如图 5-482 所示。

图 5-476　勾勒图形

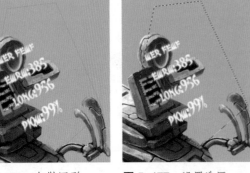
图 5-477　设置选区

图 5-478　选择笔刷

图 5-479　绘制选区

56　在主体的下方新建一个图层，如图 5-483 所示。打开拾色器选择任意一款颜色铺设底色，将主体和背景分开，如图 5-484 所示。

图 5-480　复制图层

图 5-481　调整图像

图 5-482　光幕效果

图 5-483　新建图层

57　选择有较大纹理的笔刷，如图 5-485 所示。打开拾色器，选择喜欢的颜色，如图 5-486 所示。

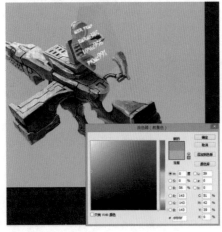
图 5-484　选择颜色

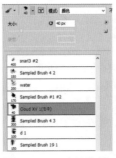
图 5-485　选择笔刷

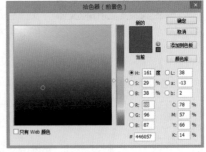
图 5-486　选择颜色

58　在左下角部分绘制一个简单的火焰爆破效果，如图 5-487 所示，然后使用涂抹工具涂抹一些纹理，如图 5-488 所示。

图 5-487　绘制火焰爆破效果

图 5-488　绘制纹理

59　打开"自然饱和度"并调整参数，降低饱和度，突出主体，如图 5-489 所示。打开背景层的混合选项并调整渐变色彩，如图 5-490 所示。

图 5-489　设置自然饱和度

图 5-490　调整色彩

60　科技枪就绘制完成了，如图 5-491 所示。

图 5-491　科技枪效果图

▷ 第六节　复合型武器——圆锯枪

所谓复合型武器，就是指武器的用途更广，同时拥有远距离和近距离两种功能的武器。在未来、科技等风格的游戏中，复合型武器常常比较多。

在设计复合型武器时，要注意以下几点：

（1）复合型武器一般有多种功能和用途，这些功能和用途之间造型的协调就很重要，在设计的时候，还要区分多种用途之间的主次关系。

（2）复合型武器的最大特点在于复合，必须让玩家第一眼就能发现它的多重功效，因此在造型上就要注意凸显各种功能的代表性特征。

设计制作思路：

（1）按照设计文本需求，找一些圆锯和手枪一类的参考图片，注意造型的丰富层次感，其他材质的参考图片尽量有较突出的材质特点。

（2）绘制平面设计草图。

（3）进一步细化草图，注意根据透视关系，补全其余的设计。

（4）填充色彩，确认光线的方向、固有色和各种材质范围。

（5）圆锯的形状制作。

（6）材质刻画和做旧效果的细化。

（7）简单背景与氛围的塑造。

圆锯枪效果图如图 5-492 所示。

图 5-492　圆锯枪效果图

1　根据设计需求寻找相关的实物图片，如图 5-493 所示。

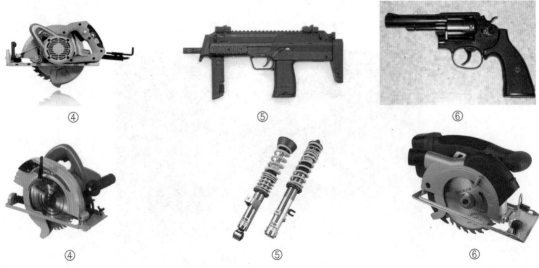

④　　　　　　　　　⑤　　　　　　　　　⑥

④　　　　　　　　　⑤　　　　　　　　　⑥

图 5-493　造型与材质参考

⑦　　　　　　⑧　　　　　　⑨

⑩　　　　　　⑪　　　　　　⑫

图 5-493　造型与材质参考（续）

2　打开 Photoshop CS6 并新建项目，然后新建图层，此图层将作为草稿图层，如图 5-494 所示。

3　选择一款勾线笔刷，如图 5-495 所示。首先绘制全侧面的草图，大致勾勒一下大的造型与两种功能的特征区域和大体感受。注意各方圆造型的对比以及造型的节奏感，如图 5-496 所示。

图 5-494　新建项目　　　　图 5-495　选择笔刷　　　　图 5-496　绘制草图

4　按 "Ctrl+T" 键并在打开的子菜单中选中 "扭曲" 命令，如图 5-497 所示。根据透视方向，将平面草图进行变形，如图 5-498 所示。

5　在透视关系确定后，将新角度所能见的部分补充完整，如图 5-499 所示。按 "Ctrl+T" 键在打开的子菜单中选择 "水平翻转" 命令，换一边进行透视和造型上的补充，如图 5-500 所示。

6　翻转过后，再整理各部分设计草图。在翻转后要注意透视关系的调整，如图 5-501 所示。

图 5-497 选择扭曲命令

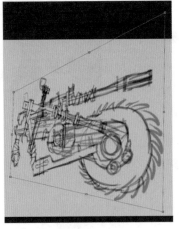

图 5-498 变形草图

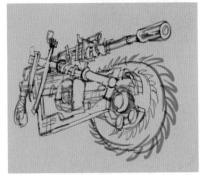

图 5-499 修饰草图

7 使用套索工具将圆锯盘部分勾勒出来，如图 5-502 所示。按"Ctrl+T"键并单击右键，在打开的子菜单中选择"自由变换"命令，将圆锯盘的体积进行调整，突出视觉冲击感受，如图 5-503 所示。

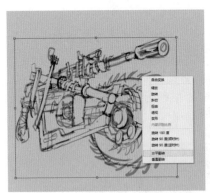

图 5-500 水平翻转

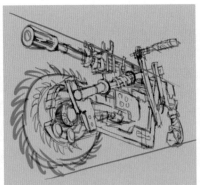

图 5-501 整理草图

图 5-502 选择圆锯盘

8 将草图层再次翻转，这个阶段必须反复检查透视关系和大体造型，如图 5-504 所示。

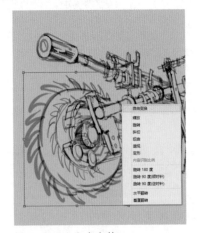

图 5-503 自由变换

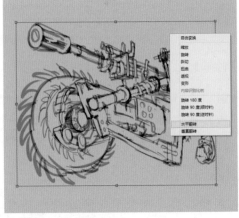

图 5-504 翻转草图

9　使用魔棒工具将主体部分选中，如图 5-505 所示，在草图层下新建立一个图层，如图 5-506 所示。

10　打开拾色器，在其中选择任意一种低饱和度的颜色，如图 5-507 所示，然后用油漆桶工具将选区内填满，如图 5-508 所示。

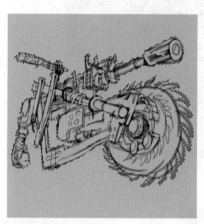

图 5-505　选择主体

图 5-506　新建图层

图 5-507　选择颜色

11　选中草图层，单击右键，在打开的子菜单中选择"复制图层"命令，如图 5-509 所示，选中旧草图层和填色层，然后单击右键，在打开的子菜单中选择"合并图层"命令，如图 5-510 所示。

12　选择硬边缘画笔，如图 5-511 所示，然后将画笔属性改变为"叠加"。

图 5-508　填充颜色

图 5-509　复制图层

图 5-510　合并图层

图 5-511　选择画笔

13　根据圆锯盘的金属性颜色，打开拾色器选择合适的色彩，如图 5-512 所示，然后确定光源方向，开始处理大致的黑白灰关系，如图 5-513 所示。

14　黑白灰关系完成后，再进行固有色的基础确定。根据预定的光源方向简单处理一下造型用色的问题，如图 5-514 所示。使用套索工具将支架部分勾勒出来，如图 5-515 所示。

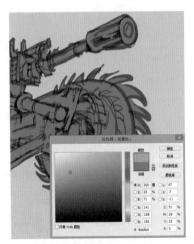

图 5-512　选择颜色

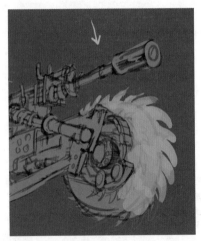

图 5-513　处理黑白灰关系

15　按"Ctrl+C"和"Ctrl+V"键复制这部分，并将新的部分图层移至原图层下方，如图 5-516 所示。按"Ctrl+T"键后单击右键，在打开的子菜单中选择"扭曲"命令，如图 5-517 所示。

图 5-514　调整色彩

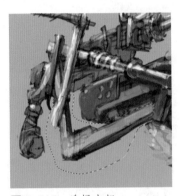

图 5-515　选择支架

图 5-516　调整图层

16　根据透视关系，将这部分进行调整，如图 5-518 所示。选择任意一款画笔，如图 5-519 所示。

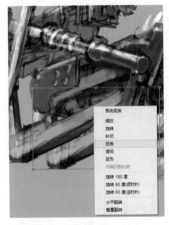

图 5-517　扭曲命令

图 5-518　调整图像

图 5-519　选择画笔

17　将画笔属性调整为"叠加"，将反光色和各部分细节的色彩冷暖变化简单处理出来，如图 5-520 所示。

18　选择加深工具强调一下对比度，如图 5-521 所示。

19　在图像菜单中选择"调整"命令下的"自然饱和度"并调整相应的参数，如图 5-522 所示。

图 5-520　调整色彩效果

图 5-521　调整对比度

图 5-522　调整自然饱和度

20　在图像菜单中选择"调整"命令下的"亮度 / 对比度"并调整相应的参数，如图 5-523 所示。

21　选择套索工具将圆锯盘以外的部分勾勒出来，如图 5-524 所示。

22　按"Ctrl+Shift+J"键将这部分分离出来，并新建组，将主体部分全部放进这个组中，如图 5-525 所示，选中组并水平翻转，如图 5-526 所示。

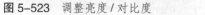

图 5-523　调整亮度 / 对比度

图 5-524　选择图像

图 5-525　新建组

23　新建图层，如图 5-527 所示，在形状工具中找到"自定形状工具"，如图 5-528 所示。

24　在形状栏里找到类似圆锯盘的形状，如图 5-529 所示，然后按住"Shift"键拖出一个规则的形状，如图 5-530 所示。

25　将这个形状层栅格化，便于后期操作，如图 5-531 所示。再新建图层，做出一个和圆锯盘差不多大小的正方形，如图 5-532 所示。

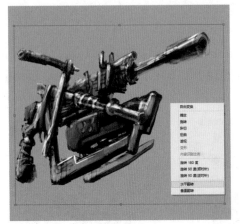

图 5-526　水平翻转图像

图 5-527　新建图层

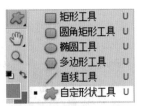

图 5-528　选择自定形状
工具

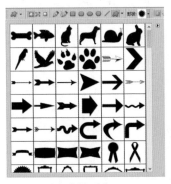

图 5-529　选择形状

图 5-530　绘制形状

图 5-531　栅格化　图 5-532　绘制正方形

26　选中这两个图层，如图 5-533 所示。在工具栏下方找到对比图形的选项，然后横向、纵向同时对齐，如图 5-534 所示。

27　对齐图形后用魔棒工具选择正方形所覆盖的区域，如图 5-535 所示，然后打开"滤镜"菜单并选择"液化"滤镜，如图 5-536 所示。

图 5-533　选择图层　图 5-534　对齐图形　图 5-535　选择正方形区域　图 5-536　选择液化滤镜

28　在液化滤镜左侧工具栏里找到旋转按钮，如图 5-537 所示。在圆锯盘中央部分进行操作，得到圆锯盘的造型，如图 5-538 所示。

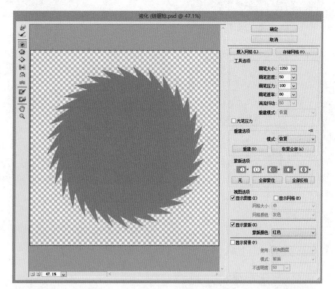

图 5-537　旋转按钮　　　　　**图 5-538**　圆锯盘

29　打开图层样式，勾选"斜面和浮雕"并调整参数，改变阴影颜色，如图 5-539 所示，然后勾选"颜色叠加"并选择和草图大致相同的色彩，如图 5-540 所示。

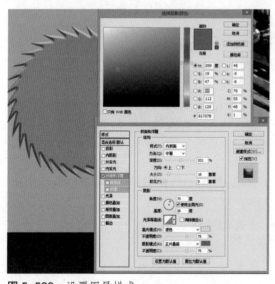

图 5-539　设置图层样式

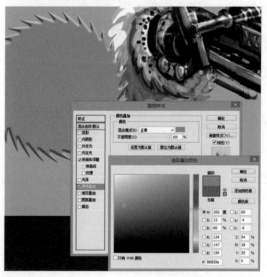

图 5-540　选择颜色

30　复制该图层，然后按"Ctrl+T"键改变大小，构成大小不同的双层圆锯，如图 5-541 所示。

31　选择"自定形状工具"，然后按住"Shift"键拖出一个规则的圆点，如图 5-542 所示。

32　复制图层，按住"Shift"键竖直移动到图示位置，如图 5-543 所示，选中两圆点图层并合并，如图 5-544 所示。

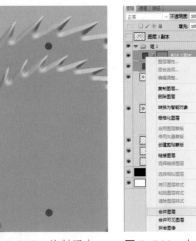

图 5-541　绘制双层圆锯　　图 5-542　绘制圆点 图 5-543　绘制圆点　　图 5-544　合并图层

33　再次复制图层，然后按"Ctrl+T"键调整至水平方向，如图 5-545 所示，重复之前操作，再复制并旋转一次，如图 5-546 所示。

图 5-545　调整方向　　　　　　　　图 5-546　复制并旋转圆点

34　再次复制与合并图层后，使用魔棒工具选中所有的小圆点，如图 5-547 所示，回到小圆盘锯图层，如图 5-548 所示。

35　按"Delete"键去掉小圆锯的这些部分，得到螺丝孔洞的效果，如图 5-549 所示，然后将图层栅格化。

36　根据透视关系，改变新制作圆锯的透视造型，如图 5-550 所示。将小圆盘锯的位置进行调整，打开它的"图层样式"选项，勾选"投影"和"渐变叠加"并调整相应参数，如图 5-551 所示。

37　调整好光感后，水平翻转检查，如图 5-552 所示，然后使用魔棒工具选中主体，如图 5-553 所示。

38　选择任意一款有粗糙明显纹理的笔刷，如图 5-554 所示，然后将画笔属性调整为"叠加"。

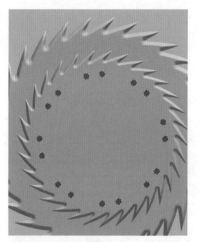

图 5-547   选择所有圆点

图 5-548   图层面板

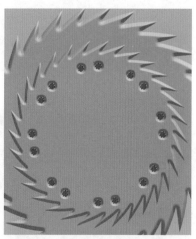

图 5-549   绘制螺丝孔洞效果

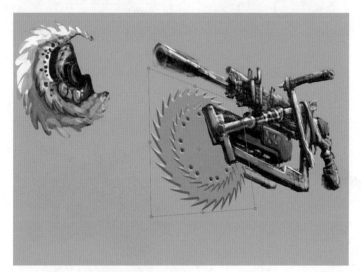

图 5-550   调整透视效果

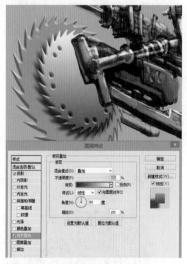

图 5-551   设置图层样式

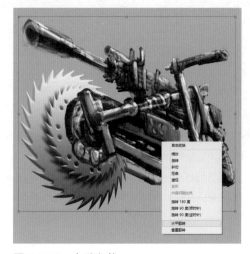

图 5-552   水平翻转

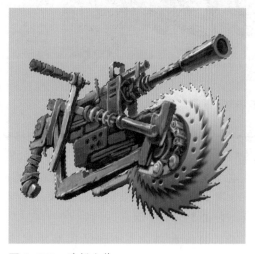

图 5-553   选择主体

39 在必要的部分绘制一些纹理，如图 5-555 所示，可以多选择一些纹理，丰富造型变化，如图 5-556 所示。

图 5-554 选择笔刷　　　图 5-555 绘制纹理　　　　　　图 5-556 选择纹理

40 再次水平翻转图像，检查效果，如图 5-557 所示，然后在该部分的图层样式选项里叠加一层渐变，如图 5-558 所示。

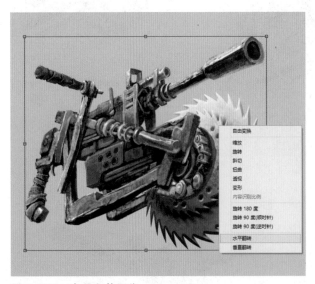

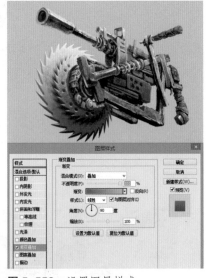

图 5-557 水平翻转图像　　　　　　　　　图 5-558 设置图层样式

41 将图层转化为智能图层并且栅格化，接下来就可以进行细节的刻画了。枪筒部分的刻画主要在于锈迹的把握，如图 5-559 所示。

42 枪身部分则要注意造型的疏密关系和角度对比关系，让图形造型部分看起来协调，如图 5-560 所示。手柄部分主要是旧皮带缠绕的造型，要注意简单区分一下材质的不同，如图 5-561 所示。

43 圆锯盘部分主要把结构层次理清楚，然后要注意面积大小的对比协调，如图 5-562 所示。

图 5-559　刻画枪筒

图 5-560　刻画枪身

图 5-561　刻画手柄

44　使用横排文字工具输入一些字符，如图 5-563 所示，并将文字栅格化，便于造型变化的处理，如图 5-564 所示。

图 5-562　刻画圆锯盘

图 5-563　输入字符

图 5-564　栅格化文字

45　按"Ctrl+T"键并单击右键，在打开的子菜单中选择"变形"命令，注意调整的时候紧贴这部分主体结构，如图 5-565 所示。改变橡皮擦的笔刷造型，如 5-566 所示。

46　用橡皮擦营造出一些造型的效果，如图 5-567 所示。再翻转一次图像，检查各部分关系和细节的变化是否合理，如图 5-568 所示。

图 5-565　变形

图 5-566　选择笔刷

图 5-567　文字效果

47 在圆盘锯上做一些血迹的效果，使它看起来更有冲击力，如图 5-569 所示。然后绘制一个简单的背景来衬托主体，如图 5-570 所示。

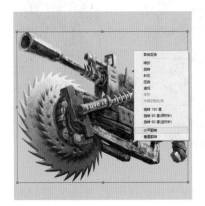

图 5-568　翻转图像

图 5-569　血迹效果

48 使用横排文字工具输入一段文字，作为造型使用，如图 5-571 所示。调整文字的大小和颜色以及文字类型，如图 5-572 所示。

图 5-570　绘制背景

图 5-571　输入文字

图 5-572　设置字符格式

49 圆锯枪就绘制完成了，如图 5-573 所示。

图 5-573　圆锯枪效果图

习题

1. 简述武器装备各道具的概念及分类。
2. 根据所学知识，制作一个与魔幻水晶盾类似的装备。

第六章
载具设计

▶ 第一节　载具概述

在不同类型的游戏中，载具类道具扮演着不同的角色。有些是可以让玩家操控，并用来进行游戏内容的直接道具；有的载具类道具是作为背景或者进行游戏的辅助。但无论哪一种用途，载具类道具的地位和意义都是很重要的。

从设计的角度来讲，载具可以传达的游戏信息较普通的小型道具更多，其中涉及最多的就是游戏的故事背景和文化信息。因此，通过美术上的设计来准确传达游戏的背景文化内容，就是载具类道具设计的最主要的工作内容。如图 6-1 所示为部分优秀载具图片。

图 6-1　载具

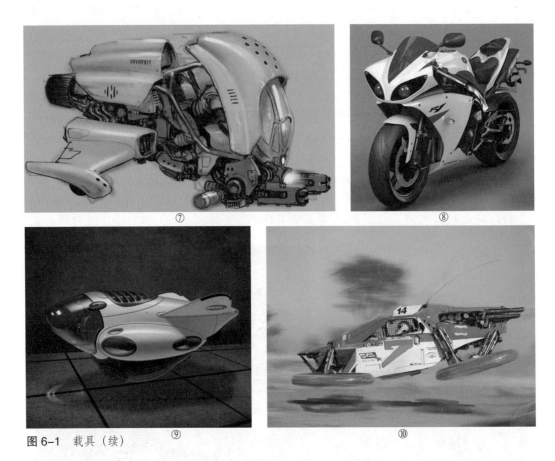

图 6-1 载具（续）

　　在寻常的观念中，载具无非就是用来逾越天堑、驰骋游戏世界的道具。但有些游戏中的载具系统不仅实现了海陆空各种环境下的载具功能，在战斗的过程中，更能以载具的视角进行战斗，让玩家在享受特色载具带来的新奇体验的同时，更能够感受到载具战斗的无穷乐趣。

　　在游戏中，载具已经不单单是交通承载功能，小型、中型、大型和多人战斗载具都普遍地在游戏中出现。

　　小型载具在战斗中充当着侦查、战斗、骚扰的作用。它们移动迅捷、伤害不俗，可以削弱他人能量，也可以侦查辅助友方伙伴，是战场中不可或缺的一部分，如图 6-2 所示。

图 6-2 小型载具

③   ④

⑤   ⑥

图6-2 小型载具（续）

中型载具的优点主要突出表现在击杀玩家和打击载具上，它是名副其实的载具杀手，也是收割人头的杀人利器，它们具有重要的战略意义，如图6-3所示。

图6-3 中型载具   ①   ②

③

④

⑤

⑥

图 6-3　中型载具（续）

　　大型载具的作用在于对城防设施的恐怖摧毁能力，没有它就无法进行战争掠夺。而多人载具则是游戏中比较特殊的复合型载具，它既能击杀玩家，也可以打击载具，并且可以对城防设施施加致命的打击，如图 6-4 所示。

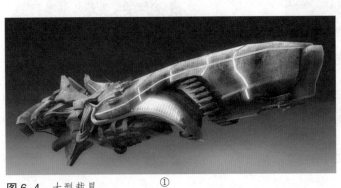

①

②

图 6-4　大型载具

图 6-4　大型载具（续）

◉ 第二节　魔鬼船

提到魔鬼船，人们的第一反应就是在狂风暴雨的海面上，一艘破败的布满海藻等植物的木船。因此，在设计魔鬼船的时候，要注意体现氛围，要符合人们脑海中对魔鬼船的大致印象。

设计制作思路

（1）按照设计文本需求，找一些关于中世纪帆船、海底沉船的参考图，其他材质的参考图片尽量有较突出的材质特点。

（2）绘制草图，注意船体的角度和透视变化。

（3）填充色彩，确定自然光线的方向和内部发光的方向与范围。

（4）局部刻画，将一些设计细节整理出来。

（5）拆分主次图层，材质刻画和做旧效果的细化。

（6）水波纹的刻画手法与技巧。

（7）简单背景与氛围的塑造。

图 6-5　魔鬼船效果图

魔鬼船的效果图如图 6-5 所示。

1 根据设计需求，找到一些参考图，如图 6-6 所示。

图 6-6　造型与材质参考

　　　　　　　　　　　　　　　　⑦　　　　　　　　　　　　　　　　　　⑧

　　　　　　　　　　　　　　　　⑨　　　　　　　　　　　　　　　　　　⑩

图6-6　造型与材质参考（续）　　　　⑪　　　　　　　　　　　　　⑫

　　　2　使用 Photoshop CS6 新建一个项目，并设置好图片的尺寸和分辨率，如图6-7所示。

　　　3　新建两个图层，第一个图层上用油漆桶工具涂满，并调整不透明度。第二个图层用于草稿图层，如图6-8所示，选择勾线笔刷，如图6-9所示。

　　　4　根据设计好的环境和大体造型勾勒出相应的外观草图，这里使用圆形构图，这样主体在画面上比较饱满，如图6-10所示。选中草稿图层，单击右键，在打开的子菜单中选择"复制图层"命令，如图6-11所示。

图 6-7　新建项目　　　　　图 6-8　新建图层　　　　图 6-9　选择笔刷

⑤　关闭刚才复制的草图副本，在旧草稿图层的下一层新建一个图层，如图 6-12 所示。使用魔棒工具选择主体，如图 6-13 所示。

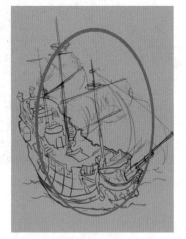

图 6-10　绘制草图　　　　图 6-11　复制图层　　　　图 6-12　新建图层

⑥　打开拾色器，在其中选择适合预想氛围的一种色彩，如图 6-14 所示，然后用油漆桶工具将主体部分填充，如图 6-15 所示。

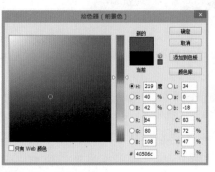

图 6-13　选择主体　　　　图 6-14　选择颜色　　　　图 6-15　填充图像

7　选择原草图层和填色层，单击右键，在打开的子菜单中选择"合并图层"命令，如图 6-16 所示。选择一种带有粗糙造型的画笔，如图 6-17 所示。

8　将画笔属性更改为"叠加"，然后调整打底黑色的不透明度，如图 6-18 所示。

9　将主体的发光部分颜色表现出来，如图 6-19 所示，再将画笔属性调整为"线性减淡（添加）"。

图 6-16　合并图层　图 6-17　选择画笔　图 6-18　调整透明度　图 6-19　表现发光部分颜色

10　确定光源方向，并从最近接触光源的部分开始铺设黑白灰关系，如图 6-20 所示，在确定外观整体的黑白灰关系时，要注意的是整体环境将是在黑夜里，确定好光源方向后的效果如图 6-21 所示。

11　选择"减淡工具"和"加深工具"，再整体刷一下主体的黑白灰关系，注意两个受光面的区分，光的角度也不一样，如图 6-22 所示。

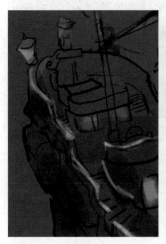

图 6-20　调整黑白灰关系　　　　图 6-21　确定光源后的效果　　　　图 6-22　调整黑白灰关系

12　在图像菜单中选择调整命令下的"自然饱和度"并调整相应的参数，使色彩更加真实，如图 6-23 所示。

13 选择一种有碎木纹理感受的笔刷，如图 6-24 所示，从靠近光源的主体部分开始低层次的刻画，如图 6-25 所示。

图 6-23 设置自然饱和度　　　　图 6-24 选择笔刷　　　　图 6-25 刻画主体

14 甲板和楼梯的木板的排列不要太死板，如图 6-26 所示，船头部分要注意整体体积感的保留，然后是结构上的穿插关系要清晰，如图 6-27 所示。

15 第一次刻画完成后，注意调整和平衡整体的细节节奏，如图 6-28 所示。

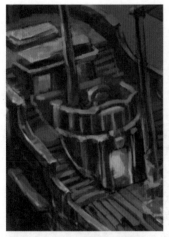

图 6-26 刻画甲板和楼梯　　　　图 6-27 刻画船头　　　　图 6-28 平衡整体节奏

16 使用套索工具选择帆船的桅杆和帆面，如图 6-29 所示，按"Ctrl+Shift+J"键将这部分分离，如图 6-30 所示。

17 将分离后残缺的船体部分补充完成，如图 6-31 所示，然后选择一款纹理丰富的笔刷，如图 6-32 所示。

18 将画笔属性调整为"叠加"，使用套索工具选择船体，如图 6-33 所示。

19 将桅杆图层打开，如图 6-34 所示，在主体部分开始叠刷纹理，模拟出海藻青苔的感觉，如图 6-35 所示。

图6-29　选择桅杆和帆面

图6-30　分离对象

图6-31　补完船体部分

图6-32　选择笔刷

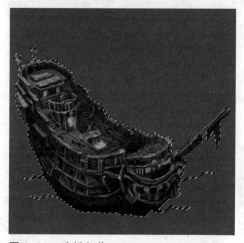

图6-33　选择船体

图6-34　图层面板

20　选择一款硬边缘画笔，如图6-36所示，然后降低画笔的不透明度，如图6-37所示。

图6-35　绘制纹理

图6-36　选择画笔

图6-37　设置不透明度

21 开始第二次细致刻画之前，首先将图层水平翻转，如图 6-38 所示。船头部分优先刻画近处部分，注意保留各种海藻感觉，如图 6-39 所示。

22 船身部分要注意光感，因为这部分是最能体现船身体积感的，如图 6-40 所示。船尾部分是顶光最靠近的部分，所以这里的亮度会比较高，如图 6-41 所示。

图 6-38 水平翻转

图 6-39 刻画船头

图 6-40 刻画船身

23 整体刻画完成后，检查并调整各部分的前后关系，如图 6-42 所示。降低底层背景色的不透明度，然后用橡皮擦工具擦出帆面的破损效果，如图 6-43 所示。

图 6-41 刻画船尾

图 6-42 整体效果

图 6-43 刻画帆面

24 使用涂抹工具将破损部分制作得更加真实，如图 6-44 所示。然后新建图层，将桅杆和帆面上的纤绳绘制出来，如图 6-45 所示。

25 主体基本完成后，再调整一下黑白关系，如图 6-46 所示。在主体下面新建图层，打开拾色器，在其中选择有夜晚深海感觉的颜色，如图 6-47 所示。

26 选择有细致纹理的笔刷，如图 6-48 所示，然后将画笔属性改变为"叠加"。

27 注意远处与近处的差异，如图 6-49 所示。在最上层新建图层，然后绘制前面部分的水纹，如图 6-50 所示。

图 6-44　破损效果

图 6-45　绘制纤绳

图 6-46　调整黑白关系

图 6-47　选择颜色

图 6-48　选择笔刷

图 6-49　调整远近关系

图 6-50　绘制水纹

28 魔鬼船就绘制完成了，效果如图 6-51 所示。

图 6-51　魔鬼船效果

▶ 第三节　飞行器

　　飞行器是指具有机翼和一具或多具发动机，靠自身动力能在太空或者大气中飞行的航空器。常见的飞行器是飞机，严格来说，飞机是指具有固定机翼的航空器。固定翼飞机是最常见的航空器形态，其动力的来源包含活塞发动机、涡轮螺旋桨发动机、涡轮风扇发动机或火箭发动机等。同时飞机也是现代生活中不可缺少的运输工具。

　　在游戏里，无论是在现代故事背景，还是在魔幻故事背景中，飞行器的出现已经是很普遍的现象。飞行器都以相近的背景风格形象出现，在设计时，可以在背景风格影响不太明显的情况下，根据需要的素材来组合，在外形和材质上做出特点。

设计制作思路

　　（1）按照设计文本需求，找一些关于二战时期飞机的参考图，其他材质可以再找一些鸟类和老式装甲车的参考图。

　　（2）绘制草图，注意透视变化，设计上靠近鸟类感受一些。

　　（3）填充色彩，设计各部分细节，笔刷材质做旧。

　　（4）确定光源方向，丰富色彩变化，注意部分细节的体积关系。

　　（5）深度材质刻画。

　　（6）气流的刻画手法与技巧。

　　（7）简单背景与氛围的塑造。

飞行器效果图如图 6-52 所示。

图 6-52　飞行器效果图

1　根据设计需求，找到相应的参考图片。如图 6-53 所示。

①　　　　　　　　　　②

③　　　　　　　　　　④

⑤　　　　　　　　　　⑥

图 6-53　造型与材质参考　　⑦　　　　　　　　　　⑧

2　使用 Photoshop CS6 新建一个项目，再新建图层，使用油漆桶工具将画面全部涂黑，然后调整不透明度，如图 6-54 所示。

3　选择一款勾线画笔，如图 6-55 所示，新建图层并勾画大致的造型线稿，如图 6-56 所示。

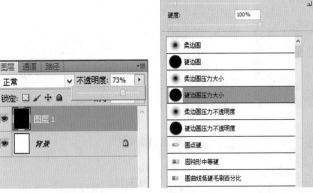

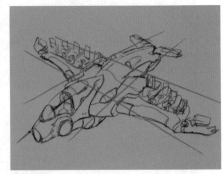

图 6-54　图层面板　　　　图 6-55　选择画笔　　　　图 6-56　绘制线稿

4　在线稿图层下面新建一个固有色图层，如图 6-57 所示，然后使用魔棒工具选择主体，如图 6-58 所示。

5　打开拾色器，在其中选择与固有色相近的色彩并填充，如图 6-59 所示，然后将原线稿图层复制，如图 6-60 所示。

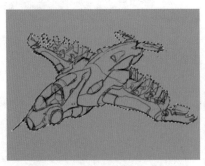

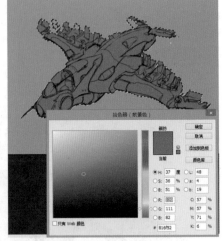

图 6-57　复制图层　　　图 6-58　合并图层　　　　图 6-59　选择画笔

6　选中原草稿图层和固有色层，单击右键，在打开的子菜单中选择"合并图层"命令，如图 6-61 所示。重新选择画笔，准备开始初步的刻画，如图 6-62 所示。

图 6-60　复制图层　　　　　　图 6-61　合并图层　　　　　　　图 6-62　选择画笔

　　⑦　对于机头部分，主要侧重在透视关系上的控制，在细节上要注意铆钉的疏密节奏，如图 6-63 所示，机身部分的造型要注意曲面转折，如图 6-64 所示。

　　⑧　对于靠近画面前端的机翼，在结构上要表达清楚一点，如图 6-65 所示，对于远处的机翼要注意整体造型上的空间使用，如图 6-66 所示。

　　⑨　尾部设计的是仿生的平滑设计，应更多注意透视上的延伸变化，如图 6-67 所示。在调整整体的时候，要根据仿生设计的理念来处理，如图 6-68 所示。

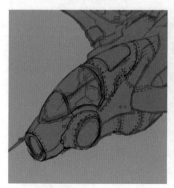

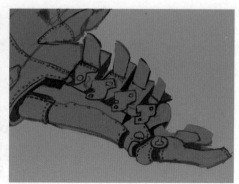

图 6-63　绘制机头　　　　　　图 6-64　绘制机身　　　　　　　图 6-65　绘制机翼

图 6-66　绘制机翼

图 6-67　绘制尾部

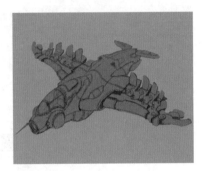

图 6-68　调整整体

10　按"Ctrl+T"键并单击右键，在打开的子菜单中选择"水平翻转"命令，然后再次检查整体，如图 6-69 所示。使用魔棒工具选中主体，如图 6-70 所示。

11　选择有锈迹效果的笔刷，如图 6-71 所示，将画笔属性改变为"叠加"。

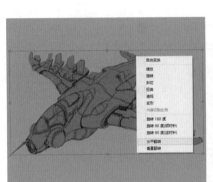

图 6-69　水平翻转

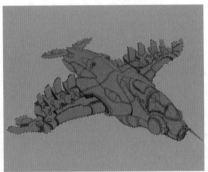

图 6-70　选择主体

图 6-71　选择笔刷

12　先将固有色部分的纹理制作上去，如图 6-72 所示。在改变画笔的造型后，再次上色并制作简单的黑白关系，如图 6-73 所示。

13　在图像菜单里选择"调整"命令中的"亮度/对比度"命令，如图 6-74 所示，调整相应的参数，如图 6-75 所示。

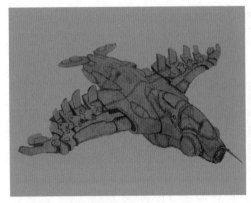

图 6-72　绘制纹理

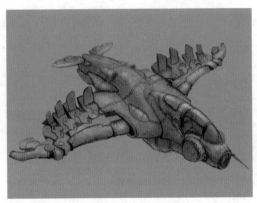

图 6-73　绘制黑白关系

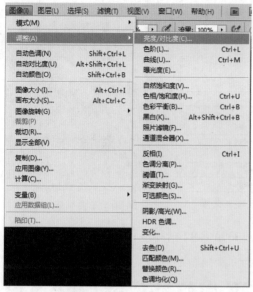

图 6-74　亮度 / 对比度命令

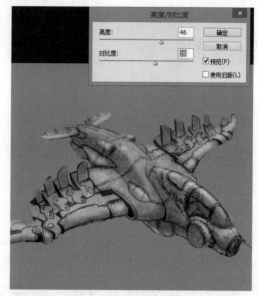

图 6-75　设置亮度 / 对比度

14　在图像菜单里选择"调整"命令中的"自然饱和度"命令，如图 6-76 所示。调整相应的参数，如图 6-77 所示。

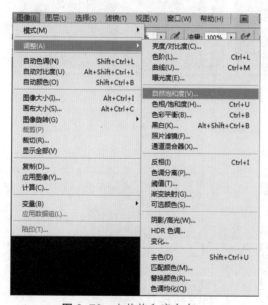

图 6-76　自然饱和度命令

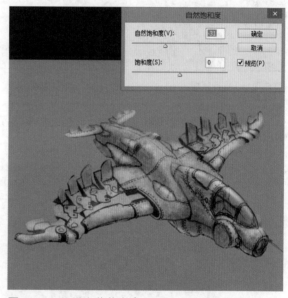

图 6-77　设置自然饱和度

15　将画面水平翻转，如图 6-78 所示，然后选择一款刻画细节的笔刷，如图 6-79 所示。

16　在刻画机头部分的时候要注意，因为整体是个圆柱体，因此在明暗交界线的部分要多加刻画，如图 6-80 所示，而在尾部的仿生设计方面要注意刻画精密度，如图 6-81 所示。

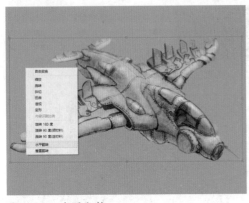

图 6-78　水平翻转

图 6-79　选择笔刷

图 6-80　刻画机头

17　在刻画前端机翼时，细节要更多一些，如图 6-82 所示。后端的机翼主要侧重整体的黑白关系，如图 6-83 所示。

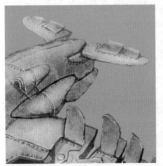

图 6-81　刻画尾部

图 6-82　刻画前端机翼

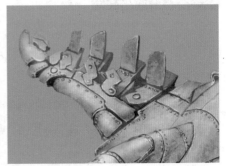

图 6-83　刻画后端机翼

18　整体细节大致完成后，使用魔棒工具选择主体，如图 6-84 所示，然后选择一种大纹理的笔刷，如图 6-85 所示。

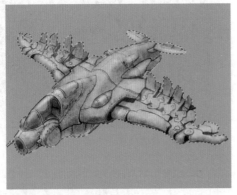

图 6-84　选择主体

图 6-85　选择笔刷

19　打开拾色器，在其中选择相反色蓝色，如图 6-86 所示，补充一下色彩的冷暖关系和锈迹的丰富度，如图 6-87 所示。

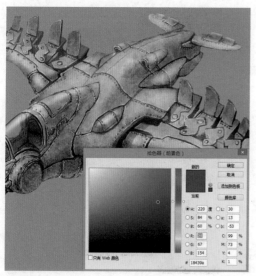

图 6-86　选择色彩

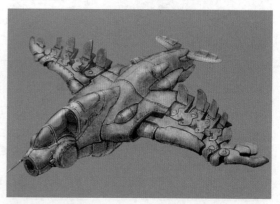

图 6-87　调整色彩

20　更换多种笔刷以丰富效果，如图 6-88 所示，并将材质感做到最合理，如图 6-89 所示。

21　选择"硬边缘压力大小"画笔，如图 6-90 所示，将机头部分的细节再整理一下，防止制作纹理的时候将之前的细节模糊掉，如图 6-91 所示。

图 6-88　选择笔刷

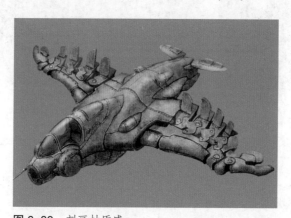

图 6-89　刻画材质感

图 6-90　选择笔画

22　在主体层下面新建一个背景层，如图 6-92 所示。将油漆桶工具切换为渐变工具，如图 6-93 所示。

23　打开渐变编辑器，选择其中的颜色，如图 6-94 所示，在背景图层上拉出一个渐变效果，如图 6-95 所示。

24　在背景图层上新建一个图层，用于制作一些背景的细节，如图 6-96 所示。背景基本绘制完成后，在主体图层的上方新建一个图层，再绘制一点气流划过机体的效果，如图 6-97 所示。

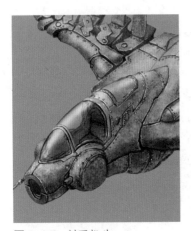

图 6-92　新建图层

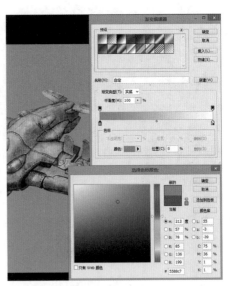

图 6-91　刻画机头

图 6-93　渐变工具

图 6-94　选择颜色

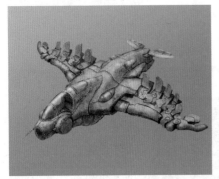

图 6-95　渐变效果

图 6-96　新建图层

图 6-97　绘制气流效果

25　在滤镜菜单里找到"动感模糊"滤镜，如图 6-98 所示，调整该部分的效果和参数，如图 6-99 所示。

26　在模糊之后，再在气流转折的头部绘制，完全使用软件模糊太死板，如图 6-100 所示。复制主体图层，如图 6-101 所示。

图 6-98　动感模糊

图 6-99　设置动感模糊

图 6-100　绘制头部

27　将图像水平反转后再次使用动感模糊制作动态效果，如图 6-102 所示。在顶层再新建一个图层，并改变该图层的属性为"叠加"，然后使用渐变工具拉一个色彩顶层，如图 6-103 所示。

图 6-101　复制图层

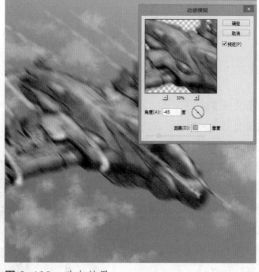
图 6-102　动态效果

图 6-103　改变图层属性

28　飞行器就绘制完成了，效果如图 6-104 所示。

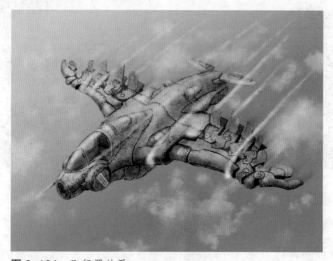
图 6-104　飞行器效果

◉ 第四节　恶灵战车

车是载具的最具代表性的产物。在游戏设计里，战车的使用频率非常高，也是各个类型载具不可缺少的。这类载具在人们的普遍意识里具有一定的固定形象，在设计陆上载具时，可以适当地发挥想象力来拓展此类形象。

战车在游戏里面是一种常规性的理念，纯粹的载具也有，由于战车用于作战，因此更具攻击性和冲击力。

本例制作的是"恶灵战车"，在设计构想时，应注意突出"恶灵"这样一种形象和概念。战车的整体形态不用太过于夸张，应明确其是陆上载具的特征性。

设计制作思路

（1）按照设计文本需求，找一些关于大脚车、蜘蛛、骨骼、熔岩等的参考图，注意材质的针对性。

（2）绘制草图，注意透视关系和设计造型的张力。

（3）填充色彩，描绘出各部分组件的结构关系和光源关系。

（4）用材质笔刷和笔刷属性的配合进行第一阶段的刻画。

（5）按照远近关系对主体进行分层归纳，注意按照结构的排布来拆分。

（6）对每一部分的细节进行深度刻画。

（7）简单背景与氛围的塑造。

恶灵战车的效果图如图 6-105 所示。

图 6-105　恶灵战车效果

1　首先挑选适合参考的相关实体图片，便于在设计和材质上的选择。如图 6-106 所示。

图 6-106　造型与材质参考

图 6-106　造型与材质参考（续）

2 使用 Photoshop CS6 新建一个项目，新建图层，并使用油漆桶工具铺满底色，然后设置不透明度，如图 6-107 所示。

3 根据预想的大致形态勾画好整体的初步草稿。在构图上选择使用三角形构图。三角形构图可以使陆地交通工具显得比较稳定，如图 6-108 所示。选择橡皮擦工具并选择硬边缘笔刷，如图 6-109 所示。

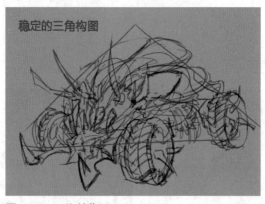

图 6-107 设置不透明度　　图 6-108 绘制草图　　　　　　　　　　　图 6-109 选择笔刷

4 通过降低一半的不透明度将整体减淡，如图 6-110 所示。按"Ctrl+T"键并单击右键，在打开的子菜单中选择"水平翻转"命令，如图 6-111 所示。

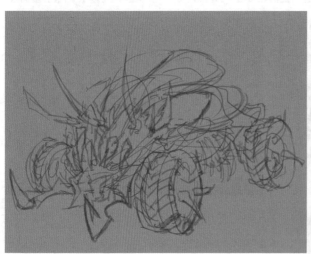

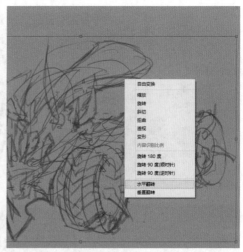

图 6-110 减淡效果　　　　　　　　　　　　　图 6-111 水平翻转

5 先从近处的部分开始描绘详细的设计细节并勾勒出大体造型，如图 6-112 所示。整体描绘完成后注意调整一下主次关系，如图 6-113 所示。

6 使用魔棒工具选择主体部分，如图 6-114 所示。

7 在草稿层下面新建一个图层，如图 6-115 所示，然后将草稿层进行复制，如图 6-116 所示。

8 打开拾色器，在其中选择一种适合整体色彩感受的颜色，如图 6-117 所示，然后使用油漆桶工具填充画面，如图 6-118 所示。

图6-112　设计细节

图6-113　整体效果

图6-114　选择主体

图6-115　新建图层

图6-116　复制图层

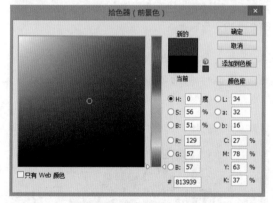

图6-117　选择颜色

图6-118　填充图像

9　关闭草稿副本后，选择原草稿层和填色层，然后单击右键合并，如图6-119所示。选择一种粗糙纹理的画笔，如图6-120所示。

10　改变画笔属性为"叠加"，并将饱和度降低，如图6-121所示。

11　绘制简单的黑白灰关系，如图6-122所示，然后将画笔属性改变为"线性减淡（添加）"。

12　将大体的色彩氛围烘托出来，这里多注意笔刷的混合使用，如图6-123所示，再次改变画笔属性为"叠加"。

图 6-119　合并图层

图 6-120　选择画笔

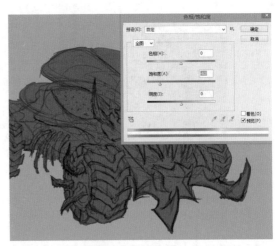

图 6-121　设置色相 / 饱和度

图 6-122　绘制黑白灰关系

图 6-123　色彩效果

13　绘制高光的位置并确定光源，简单地描绘出大体的明暗关系，如图 6-124 所示。

14　使用"减淡工具"调整一下黑白灰关系，强调体积感的表现，如图 6-125 所示，然后将主体水平翻转，如图 6-126 所示。

光源方向

图 6-124　明暗关系

图 6-125　调整黑白灰关系

15　选择一款硬边缘画笔，如图 6-127 所示，将角的尖锐感再强化一下，如图 6-128 所示。

图 6-126　水平翻转　　　　　　图 6-127　选择画笔　　　　图 6-128　绘制角

16　观察图像，注意光源方向，转折较多的体积要多留心光源带来的影响，如图 6-129 所示。车轮部分要注意透视关系，如图 6-130 所示。

17　背甲部分是靠近光源的部分，所以要注意这里的明暗关系的走向，如图 6-131 所示。

图 6-129　调整图像　　　　　　图 6-130　绘制车轮　　　　图 6-131　绘制背甲

18　使用套索工具勾画选中要分离的部分，如图 6-132 所示，按"Ctrl+Shift+J"键将这部分分离出来，如图 6-133 所示。

19　使用同样的办法将顶甲部分分离，如图 6-134 所示，最靠外的外轮也要和主体分离出来，便于我们刻画，如图 6-135 所示。

20　分离出来的图层要先关闭，便于查看，如图 6-136 所示。能看见的最远处的轮子最好也分离一下，如图 6-137 所示。

21　由于分离的图层较多，所以新建一个组，将所有主体图层都放进去，如图 6-138 所示。降低其他部分的不透明度，将要编辑的主体进行变形，如图 6-139 所示。

22　在调整的过程中主要集中修正透视关系和体型大小的比例，如图 6-140 所示。使用魔棒工具选中该主体，如图 6-141 所示。

图 6-132　选择对象

图 6-133　分离对象

图 6-134　分离顶甲

图 6-135　分离外轮

图 6-136　关闭图层

图 6-137　分离车轮

图 6-138　新建组

图 6-139　变形

图 6-140　调整图像

23　选择一款有个性纹理的笔刷，如图 6-142 所示，并将画笔属性改变为"叠加"。

24　打开拾色器，在其中选择初始颜色并绘制，如图 6-143 所示，再将画笔属性调整为"线性减淡（添加）"。

25　将高光部分和亮光部分加强，如图 6-144 所示。切换另一种纹理的画笔，如图 6-145 所示。

图 6-141　选择对象

图 6-142　选择笔刷

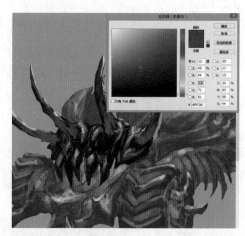

图 6-143　选择颜色

26　恢复画笔属性为"正常"，将形体和各部分细节再整理一下，如图 6-146 所示。

图 6-144　绘制高光和亮光

图 6-145　选择画笔

图 6-146　调整形体和细节

27　将背景底色图层调整至适应环境的色彩氛围，如图 6-147 所示。关闭之前绘制的图层，并选择即将刻画的部分，如图 6-148 所示。

28　将空白部分填补后使用魔棒工具选择主体，如图 6-149 所示，将这部分通过透视和体积关系进行变形，如图 6-150 所示。

图 6-147　调整背景底色

图 6-148　选择图层

图 6-149　选择对象

29　在变形调整过程中，要注意体会工具使用的方式，如图 6-151 所示。将画笔属性改变为"叠加"。

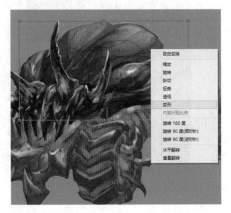

图 6-150　变形对象

图 6-151　变形对象

30　制作一些小的造型来丰富体型，如图 6-152 所示，选中组并水平翻转进行检查，如图 6-153 所示。

图 6-152　丰富体型

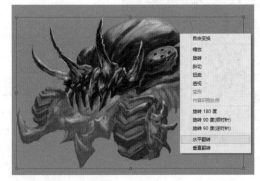

图 6-153　水平翻转

31　检查透视和体型，如有问题立即通过上述方法进行调整，如图 6-154 所示。背甲部分要做一些裂纹效果，先绘制一个区域，如图 6-155 所示。

32　在此基础上再进一步丰富和刻画相关细节，如图 6-156 所示。恢复地盘的不透明度，准备绘制这一部分，如图 6-157 所示。

图 6-154　调整图像

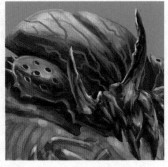

图 6-155　刻画背甲

图 6-156　刻画细节

33　将类似下巴的前铲用套索工具选中，如图 6-158 所示，将此部分分离出来，如图 6-159 所示。

图 6-157　图层面板　　　　图 6-158　选择对象　　　　图 6-159　分离对象

34　使用魔棒工具重新选择这部分，如图 6-160 所示。恢复其余部分的不透明度，便于色彩参考，如图 6-161 所示。

图 6-160　选择对象　　　　　　　　　图 6-161　恢复不透明度

35　将画笔属性调整为"线性减淡（添加）"，绘制出大致的黑白灰关系和体积关系，如图 6-162 所示。

36　使用涂抹工具对内部火焰部分进行涂抹，如图 6-163 所示。

图 6-162　绘制黑白灰和体积关系　　　　图 6-163　绘制内部火焰

37 尾部的烟火效果可以做得松动一点，如图 6-164 所示。使用魔棒工具选择外部车轮，如图 6-165 所示。

38 降低后面图层的透明度并对这部分进行刻画，如图 6-166 所示。整体大效果出来后，可以再仔细找找各部分的问题并逐一调整，如图 6-167 所示。

图 6-164　绘制尾部烟火

图 6-165　选择对象

图 6-166　刻画外部车轮

39 选择"地盘"图层，对内部细节进行深度刻画，如图 6-168 所示。选择涂抹工具并改变笔刷，如图 6-169 所示。

图 6-167　调整细节

图 6-168　选择图层

图 6-169　选择笔刷

40 首先绘制一个简单的烟火范围，如图 6-170 所示。使用涂抹工具对其进行造型上的变化，如图 6-171 所示。

41 使用"加深工具"把尾焰加深，如图 6-172 所示。选中组进行水平翻转，如图 6-173 所示。

42 选择涂抹工具对各部分细节进行一次整理，如图 6-174 所示。

43 后轮部分要注意刻画细节的程度不用太高，如图 6-175 所示。后部的轮子主要集中表现大体特征就行，如图 6-176 所示。

44 选择硬边缘画笔，如图 6-177 所示，对尖刺在细节上再整理一下，如图 6-178 所示。

图 6-170　绘制烟火范围

图 6-171　刻画造型

图 6-172　加深尾焰效果

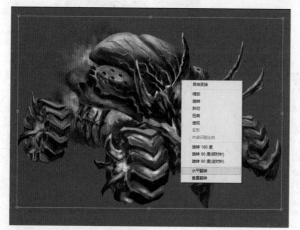

图 6-173　水平翻转

图 6-174　整理细节

图 6-175　刻画后轮

图 6-176　刻画后轮

图 6-177　选择画笔

45　选择有粗糙纹理的画笔，如图6-179所示，打开拾色器并选择红色的对比色绿色，如图6-180所示。

46　在体积暗部叠加一层绿色，增强体积感，如图6-181所示。使用魔棒工具选择前铲部分，如图6-182所示。

图 6-178　调整尖刺

图 6-179　选择画笔

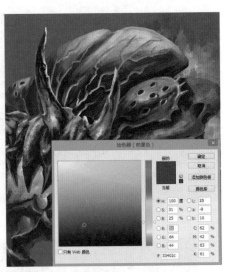

图 6-180　选择颜色

图 6-181　调整色彩

图 6-182　选择对象

47　将前铲部分的暗部也叠加一层淡淡的绿色，如图 6-183 所示，靠近前段的部分可以增强对比，如图 6-184 所示。

48　使用"加深工具"将底部火焰的下端加深，如图 6-185 所示。

图 6-183　调整色彩

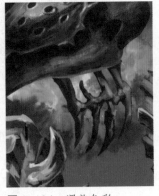

图 6-184　调整色彩

图 6-185　加深火焰效果

49　选中组并进行水平翻转，如图 6-186 所示。将外侧后轮的饱和度降低，如图 6-187 所示。

50　在最底层新建一个图层绘制背景，如图 6-188 所示，先绘制一个草图，如图 6-189 所示。

图 6-186　水平翻转

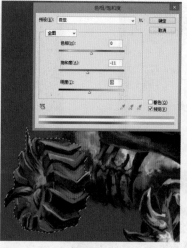
图 6-187　设置饱和度

图 6-188　新建图层

51　将画笔属性调整为"叠加"，铺设一个潦草的背景色彩，如图 6-190 所示。

图 6-189　绘制草图

图 6-190　设置色彩

52　在背景图层上叠加一个渐变，如图 6-191 所示。将该背景图层转化为智能对象。

53　新建一个图层，再绘制一个环境色的草图，如图 6-192 所示。使用涂抹工具将纹理细化并降低它的饱和度，如图 6-193 所示。

54　选择"减淡工具"将底部环境色彩进行调整，如图 6-194 所示。

55　在顶部新建一个图层，如图 6-195 所示，绘制外部气浪的草图，如图 6-196 所示。

56　使用涂抹工具将气浪效果进一步细化，如图 6-197 所示。选中组并水平翻转，检查各部分的细节漏洞，如图 6-198 所示。

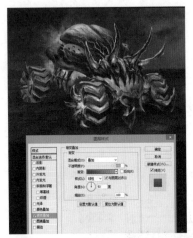

图 6-191　设置渐变

图 6-192　绘制环境色草图

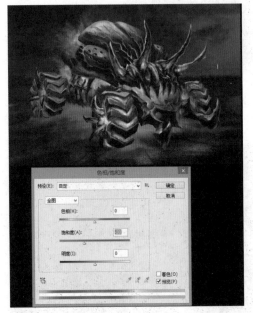

图 6-193　设置饱和度

图 6-194　调整底部环境色彩

图 6-195　新建图层

图 6-196　绘制外部气浪草图

图 6-197 气浪效果

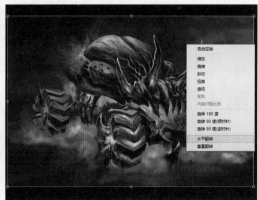

图 6-198 水平翻转

57 恶灵战车就绘制完成了，效果如图 6-199 所示。

图 6-199 恶灵战车效果图

习题

1. 简述载具设计的概念及分类
2. 根据恶灵战车的制作过程，制作一个类似的载具。

第七章

道具特效设计

▶ 第一节　道具特效设计概述

视觉上的冲击力不仅仅体现在道具的造型方面，还体现在视觉特效方面，道具的特效应在策划时就确定下来，游戏世界中所有道具的特效必须是体系化的，这种体系化必须符合角色技能的释放和角色升级所带动的道具升级体系。道具特效基本分为模型动画和粒子动画两种方式。

特效是一切游戏资源的动态灵魂。特效的作用是非常多的，通常分为两种：

第一种是表现型特效。表现型特效的主要目的是增强道具或者角色的本身特性，丰富和加强原有的造型冲击力。如图 7-1 所示。

①　　　　　　　　　　　②

③　　　　　　　　　　　④

图 7-1　表现型特效

图 7-1　表现型特效（续）

　　第二种是掩盖型特效。掩盖型特效是为了掩盖原本道具或武器的形象上的不足，为了弥补所要表达的视觉感受。如图 7-2 所示。

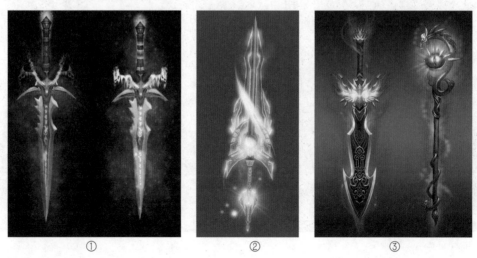

图 7-2　掩盖型特效

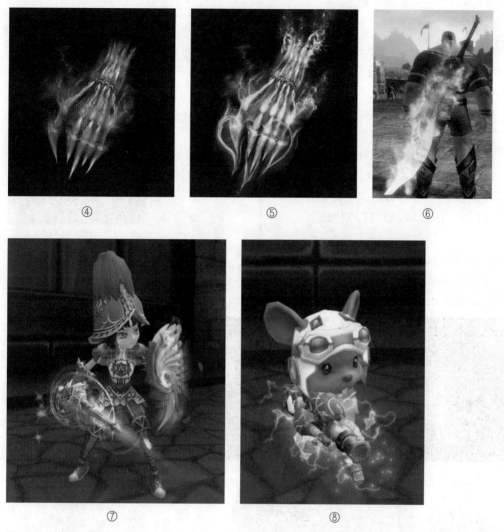

④　　　　　　　　　⑤　　　　　　　　　⑥

⑦　　　　　　　　　⑧

图 7-2　掩盖型特效（续）

　　两种特效都可以通过三维或者二维的表现形式来制作。但无论哪一种表现形式，首先都需要有手绘的表现示意图或者设计图。有了设计方案和表现内容，再通过不同的表现形式进行制作。

▶ 第二节　火属性权杖

　　权杖是象征王权和皇权的用具。考古材料表明，古埃及和中国都出现过权杖，不过其形状和材质有所不同。权杖地位等同于我国后世的玉玺。欧洲王国的国王所持的权杖，装饰华丽，常用金、银等贵金属打造，并镶嵌有宝石。中国发现权杖的材质有木、金、青铜和玉石等。

　　本例设计的是火属性权杖，既然是火属性，那么在设计时就需要体现和传达火属性的概念。在设计时，要充分利用各种形象和造型丰富火元素特效。

设计制作思路

（1）按照设计文本需求，针对有火焰属性的武器进行归类，查找收集相关的参考图片。

（2）绘制基础权杖，注意造型特色和体积结构。

（3）填充色彩，将权杖的各部分细节丰富完整。

（4）用材质笔刷和笔刷属性的配合进行特效主体的刻画。

（5）按照光效关键帧的火属性特点进行特效的草图设计，注意这部分关键帧的外轮廓造型。

（6）分层次对火焰效果进行刻画。

（7）简单背景与氛围的塑造。

火属性权杖的效果图如图 7-3 所示。

图 7-3　火属性权杖效果图

1　首先根据设计的预想在其他平台上寻找一些相关类型的素材作为参考，这有助于在设计和表现上进行借鉴或者拓宽设计思路。如图 7-4 所示。

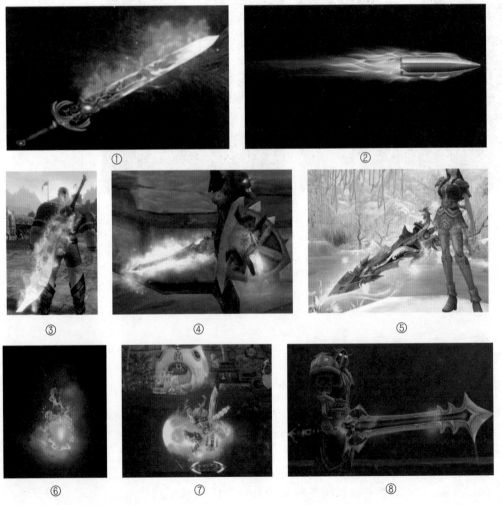

图 7-4　造型与材质参考

　　②　使用 Photoshop CS6 新建一个图像文件，设置好尺寸和分辨率。因为是特效的设计，所以尺寸不用设计得太大，太大的尺寸会影响计算机的运算，如图7-5所示。新建图层，准备填充背景色，如图7-6所示。

　　③　使用油漆桶工具将背景层填充为黑色，降低不透明度，如图7-7所示。选择硬边缘笔刷进行线稿的绘制，如图7-8所示。

图7-5　新建项目

图7-6　新建图层

图7-7　填充颜色

　　④　首先绘制一个权杖的简单线稿，注意长与宽的造型对比，如图7-9所示。按"Ctrl+T"键并单击右键，在打开的子菜单中选择"自由变换"命令，如图7-10所示。

图7-8　选择笔刷

图7-9　绘制线稿

图7-10　自由变换

　　⑤　将权杖斜放后，使用魔棒工具选中主体部分，如图7-11所示，在草图下面新建一个底色层，如图7-12所示。

　　⑥　打开拾色器，在其中选择饱和度为零的灰色并填充在主体范围内，如图7-13所示。选择线稿层和填色层，单击右键，在打开的菜单中选择"合并图层"命令，如图7-14所示。

　　⑦　选择一款有不透明效果的笔刷，如图7-15所示，将笔刷的属性改变为"叠加"。

　　⑧　在合并的底层上进行黑白稿的绘制，确定光源方向，如图7-16所示，注意高光的角度和明暗交界线的丰富刻画，图7-17所示。

图7-11　选择对象

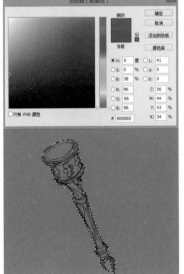
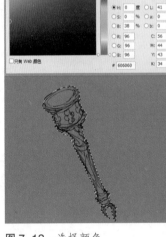

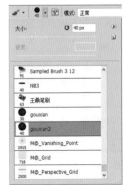

图 7-12　新建图层　　　图 7-13　选择颜色　　　图 7-14　合并图层　　图 7-15　选择笔刷

⑨　权杖耳朵头部不用刻画得太细致，这个道具是为了在特效上有所表现，如图 7-18 所示，在整体绘制时要把大的黑白关系与明暗交界线整理清楚，如图 7-19 所示。

图 7-16　绘制黑白稿　　　　图 7-17　绘制黑白稿　　　　　图 7-18　绘制权杖耳朵头部

⑩　选择"加深工具"或者"减淡工具"对整体的体积感进行深度描绘，如图 7-20 所示。

⑪　使用魔棒工具选择主体，如图 7-21 所示。选择一款柔性边缘的画笔，柔性画笔有利于叠加颜色的自然度，如图 7-22 所示。

⑫　将画笔属性改变为"叠加"，打开拾色器，在其中选择一种金属的固有色，如图 7-23 所示。

⑬　暗部要使用的颜色首选相反色，如图 7-24 所示。反光色选择一种冷色且有别于冷暖关系，如图 7-25 所示。

⑭　新建图层，准备绘制特效部分，如图 7-26 所示。选择一种硬边缘的画笔，如图 7-27 所示。

图 7-19　整体效果

图 7-20　描绘体积感

图 7-21　选择主体

图 7-22　选择画笔

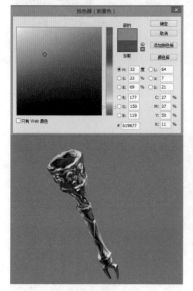
图 7-23　选择颜色

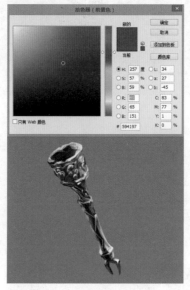
图 7-24　填充颜色

图 7-25　填充颜色

15　先绘制一个轮廓的草图，其造型是一种带有火焰的热烈感受的红水晶，如图 7-28 所示。将画笔属性调整为"线性减淡（添加）"。

图 7-26　新建图层

图 7-27　选择画笔

图 7-28　绘制轮廓草图

16 将主体部分涂满，营造出简单的整体感受，便于调整造型，如图 7-29 所示。
用特殊笔刷的效果绘制简单的水晶效果，如图 7-30 所示。

17 将画笔属性改变为"叠加"，在受光面的部分叠加一层深色，突出水晶的质感，
如图 7-31 所示。

图 7-29 涂满主体   图 7-30 绘制水晶效果   图 7-31 填充颜色

18 选择橡皮擦工具，将橡皮擦工具的笔刷改变为硬边缘笔刷，如图 7-32 所示，
使用橡皮擦工具修正外扩的造型，如图 7-33 所示。

19 放远检查一下，修正各部分的色彩和造型，使之没有明显的错误与冲突，如图
7-34 所示。

图 7-32 选择笔刷   图 7-33 修正造型   图 7-34 修正造型

20 选择涂抹工具并改变涂抹工具的笔触，这里建议选择硬边缘笔刷，如图 7-35
所示，将各部分转折点用涂抹工具进行拉伸变形，如图 7-36 所示。

21 复制水晶块图层，如图 7-37 所示。把原图层进行一次简单的高斯模糊，如图
7-38 所示。

图 7-35　选择笔刷　　图 7-36　拉伸变形　　　图 7-37　复制图层　　图 7-38　高斯模糊

22　将新复制的水晶块图层的图层属性改变为"线性减淡（添加）"，在火焰感受出来后将各方面再进行一点细微的调整，如图 7-39 所示。

23　新建一个组并将两个图层放进去，如图 7-40 所示，选择柔性边缘的画笔，如图 7-41 所示。

24　改变画笔属性为"线性减淡（添加）"，新建一个组和图层，在这里进行大范围特效的简单草图绘制，如图 7-42 所示。

图 7-39　火焰效果　　　图 7-40　新建组　　　图 7-41　选择画笔　　图 7-42　新建组和图层

25　打开拾色器，在其中选择类似火焰色彩的颜色，如图 7-43 所示，绘制大特效的草图，如图 7-44 所示。

26　将草图图层移动到顶上并降低不透明度，此层作为参考图层，如图 7-45 所示。

27　选择"椭圆选框工具"在这个草图示意的范围内制作一个选区，如图 7-46 所示。打开拾色器，在其中选择火焰的黄色，如图 7-47 所示。

28　将画笔属性改变为"线性减淡（添加）"，在选区内绘制热光球的效果，如图 7-48 所示。

29　将画笔属性的不透明度进行调整，如图 7-49 所示。在选区范围内绘制好一个光球，如图 7-50 所示。

30　选择涂抹工具，并将涂抹工具的笔刷调整为较粗糙的笔刷，在光球上进行涂抹，注意涂抹效果的层次感，如图 7-51 所示。

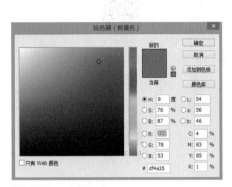

图 7-43 选择颜色

图 7-44 绘制草图

图 7-45 设置不透明度

图 7-46 绘制选区

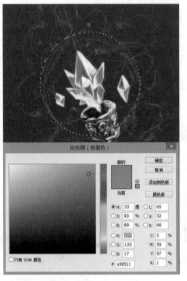

图 7-47 选择颜色

图 7-48 绘制热光球

图 7-50 绘制光球

图 7-51 调整光球效果

图 7-49 调整不透明度

31　在滤镜菜单中找到"径向模糊",如图 7-52 所示,调整模糊的参数,如图 7-53 所示。

32　复制图层 5,如图 7-54 所示,然后使用高斯模糊对其进行弱化,如图 7-55 所示。

图 7-52　径向模糊

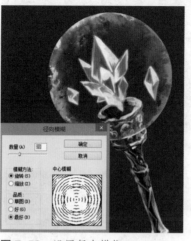
图 7-53　设置径向模糊

图 7-54　复制图层

33　将模糊过的图层复制一层,如图 7-56 所示,改变复制图层的图层属性为"线性减淡(添加)"。

34　调整一下位置,如图 7-57 所示,然后新建组和图层,进行下一个阶段的设计,如图 7-58 所示。

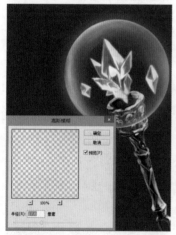
图 7-55　高斯模糊

图 7-56　复制图层

图 7-57　调整位置

图 7-58　新建组和图层

35　使用"椭圆选区工具"绘制选区,如图 7-59 所示。改变画笔属性,然后绘制一个火圈基础效果,如图 7-60 所示。

36　选择涂抹工具在这个火圈上进行第一步粗糙的造型涂抹,如图 7-61 所示。

37　按"Ctrl+T"键对造型进行改变,如图 7-62 所示,接下来再进一步进行涂抹,使火焰的效果更加逼真,如图 7-63 所示。

38　火焰的效果要有转动的感觉,如图 7-64 所示。复制图层并改变图层属性为"线性减淡(添加)"。

图 7-59 绘制选区

图 7-60 绘制火圈效果

图 7-61 绘制火圈效果

图 7-62 改变造型

图 7-63 调整火焰效果

图 7-64 火焰效果

[39] 使用橡皮擦工具将两个图层的远处进行减淡和弱化，提高体积感，如图 7-65 所示。打开草稿进行对比并分析下一步，如图 7-66 所示。

[40] 整理出飞行的火焰轨迹，如图 7-67 所示，使用涂抹工具和画笔工具反复地修正与换色，如图 7-68 所示。

图 7-65 火焰效果

图 7-66 火焰效果

图 7-67 绘制飞行的火焰轨迹

41　整体制作的时候，注意保持主次关系和变化的节奏感，如图7-69所示，然后复制该图层，如图7-70所示。

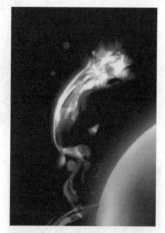
图7-68　调整图像

图7-69　整体效果

图7-70　复制图层

42　选择"高斯模糊"然后调整具体参数，如图7-71所示，再复制一层并改变图层属性为"颜色加深"，如图7-72所示。

43　将顶层的图层属性改变为"颜色减淡"，如图7-73所示。根据主体效果，再调整图层的不透明度和位置，如图7-74所示。

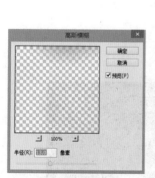
图7-71　高斯模糊

图7-72　图层面板

图7-73　图层面板

图7-74　调整效果

44　绘制一个简单的光效，如图7-75所示，在模糊主选单里找到"动感模糊"，如图7-76所示。

45　调整动感模糊的参数，如图7-77所示，按"Ctrl+T"键对这个模糊的光线进行调整，如图7-78所示。

46　复制这个图层的光线，如图7-79所示，根据透视感觉进行调整，如图7-80所示。

47　合并各个小的图层，复制出一个整体图层并改变图层属性，如图7-81所示，这样的光效就比较明显了，如图7-82所示。

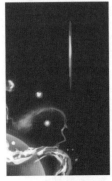

图 7-75　绘制光效

图 7-76　动感模糊

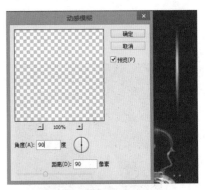

图 7-77　设置动感模糊

图 7-78　调整光线

图 7-79　复制图层

图 7-80　调整光线

48　回到光球那一层，使用魔棒工具隔离出一个选区，如图 7-83 所示。在光圈外面再绘制一个热力光效，如图 7-84 所示。

图 7-81　复制图层

图 7-82　光线效果

图 7-83　绘制选区

49　关闭之前的火焰光圈，再新建一个图层，如图7-85所示，绘制一个流动的火焰气雾效果，如图7-86所示。

图7-84　绘制热力光效　　　　　图7-85　新建图层　　　　　图7-86　绘制火焰气雾效果

50　绘制整体的热浪气雾效果，注意走向的设计，如图7-87所示，复制这个图层并改变图层属性，如图7-88所示。

51　调整好两个图层的不透明度和搭配整体感受，如图7-89所示，选中这个组，如图7-90所示。

图7-87　绘制热浪气雾效果　图7-88　复制图层　图7-89　整体效果　图7-90　选择组

52　在组别的基础上增加一个"渐变映射"，如图7-91所示，打开详细菜单，改变映射的渐变色彩，如图7-92所示。

53　在小选栏的底下有几个小图标，选中眼睛图案左边的图形并单击，如图7-93所示，这样的热浪气雾效果就比较合适了，如图7-94所示。

54　最后再增加一些小的光效就可以了，如图7-95所示。

 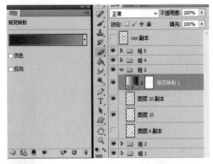

图 7-91　渐变映射　图 7-92　改变渐变色彩　　　　　图 7-93　单击图层

图 7-94　热浪气雾效果　　　　图 7-95　火属性权杖效果

▷ 第三节　毒属性权杖

本例通过毒属性权杖的设计，介绍"毒"这种属性在设计时的特效表现方法。

设计制作思路

（1）按照设计文本需求，针对有毒属性的武器进行归类，查找收集相关的参考图片。

（2）绘制基础权杖，注意造型特色和体积结构。

（3）填充色彩，将权杖的各部分细节丰富完整。

（4）用材质笔刷和笔刷属性的配合进行特效主体的刻画，注意单体光源的光线折射所营造的效果。

（5）按照光效关键帧的毒属性特点进行特效的草图设计，注意这部分关键帧的外轮廓造型。

（6）分层次对毒属性效果进行刻画，注意光源对效果主体的光线影响。

（7）简单背景与氛围的塑造。

毒属性权杖的效果图如图 7-96 所示。

图 7-96　毒属性权杖效果

1 根据设计的需求寻找一些相关类型的素材作为参考。如图 7-97 所示。

图 7-97 造型和材质参考

2 使用 Photoshop CS6 新建一个图形文件并设置尺寸和分辨率，如图 7-98 所示。新建图层，准备填充背景色，如图 7-99 所示。

3 使用油漆桶工具将背景层填为黑色，然后降低不透明度，如图 7-100 所示。选择硬边缘笔刷进行线稿的绘制，如图 7-101 所示。

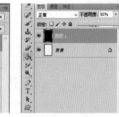

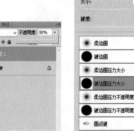

图 7-98 新建项目　　图 7-99 新建图层　图 7-100 填充颜色　图 7-101 选择笔刷

4 首先绘制一个权杖的简单线稿，注意长与宽的造型对比，如图 7-102 所示。按快捷键"Ctrl+T"并单击右键，在打开的下拉子菜单中选择"自由变换"命令，如图 7-103 所示。

5 将权杖斜放后，使用魔棒工具选择主体部分，如图 7-104 所示。在草图下面新建一个底色层，如图 7-105 所示。

6 打开拾色器，在其中选择饱和度较低的灰色部分并填充在主体范围内，如图 7-106 所示。选择线稿层和填色层，单击右键，在打开的下拉子菜单中选择"合并图层"命令，如图 7-107 所示。

7 选择一款有不透明效果的笔刷，如图 7-108 所示，将笔刷的属性改变为"叠加"。

图 7-102 绘制线稿

图 7-103 自由变换

图 7-104 选择对象

图 7-105 新建图层

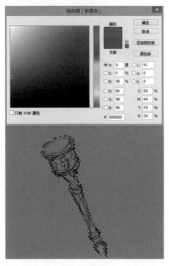

图 7-106 选择颜色

图 7-107 合并图层

图 7-108 选择笔刷

8 在合并的底层上至二级进行黑白稿的绘制，确定光源方向，如图 7-109 所示。注意高光的角度和明暗交界线的丰富刻画，如图 7-110 所示。

9 权杖耳朵头部不用刻画得太细致，如图 7-111 所示。整体绘制要把大的黑白关系与明暗交界线整理清楚，如图 7-112 所示。

图 7-109 绘制黑白稿

图 7-110 绘制图层

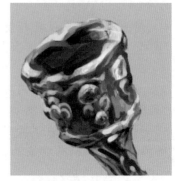

图 7-111 绘制图层

10 选择"加深工具"或者"减淡工具"，对整体的体积感进行深度描绘，如图7-113所示。

11 使用魔棒工具选中主体，如图7-114所示。选择一款柔性边缘的画笔，柔性画笔有利于叠加颜色的自然度，如图7-115所示。

图 7-112　绘制图层　　　　图 7-113　绘制体积感　　　　图 7-114　选择主体　　　　图 7-115　选择画笔

12 将画笔属性改变为"叠加"，打开拾色器，在其中选择一种金属的固有色，如图7-116所示。

13 暗部要使用的颜色首选相反色，如图7-117所示，反光色选择一种冷色，以区别冷暖关系，如图7-118所示。

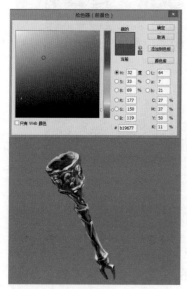 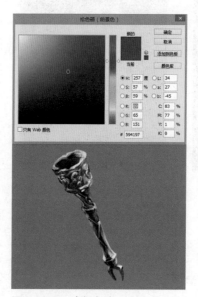 

图 7-116　选择颜色　　　　　图 7-117　选择颜色　　　　　图 7-118　选择颜色

14 新建图层，准备绘制特效部分，如图7-119所示。选择一种硬边缘的画笔，如图7-120所示。

15 首先绘制一个简单的草图，绘制出特效的大致造型，如图7-121所示。新建组别和图层，如图7-122所示。

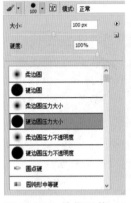
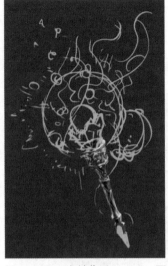

图 7-119　新建图层　　图 7-120　选择画笔　　图 7-121　绘制草图　　图 7-122　新建组和图层

16　在权杖头部勾勒出毒水晶的轮廓，图 7-123 所示，然后将画笔属性改变为"线性减淡（添加）"。

17　将整体的颜色涂抹完整，便于区别主体的整体感受，如图 7-124 所示。使用橡皮擦工具将透明的部分进行减弱，如图 7-125 所示。

图 7-123　绘制轮廓　　　　图 7-124　涂抹颜色　　　　图 7-125　减弱透明部分效果

18　选择"加深工具"或者"减淡工具"，将整个毒水晶的通透感营造出来，如图 7-126 所示。

19　选择涂抹工具将水晶内部的组织制作得更加精美逼真，如图 7-127 所示。

20　选择柔性边缘的画笔，如图 7-128 所示。在主体水晶上点缀软高光，如图 7-129 所示。

21　分散性水晶的绘制，需要将草图层打开，对准相应的位置，如图 7-130 所示。绘制完轮廓后，用魔棒工具选中主体，如图 7-131 所示。

22　按"Ctrl+H"键隐藏选区线条，然后简单刻画一下碎水晶，如图 7-132 所示，整体的主次感要拉开，如图 7-133 所示。

23　选择"椭圆选框工具"绘制一个圆形选区，在范围内进行色彩叠加，如图 7-134 所示。

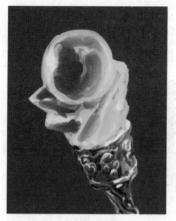

图 7-126 绘制透明感

图 7-127 绘制水晶内部

图 7-128 选择画笔

图 7-129 绘制主体水晶

图 7-130 绘制分散性水晶

图 7-131 选择主体

图 7-132 绘制碎水晶

图 7-133 整体效果

图 7-134 绘制圆形选区

24 在滤镜菜单中选择"高斯模糊"，如图 7-135 所示，调整高斯模糊的参数，如图 7-136 所示。

25 选中"光圈"这个图层，如图 7-137 所示，在图层样式上选择"渐变叠加"。

图 7-135　高斯模糊

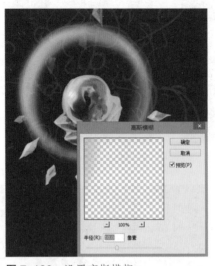
图 7-136　设置高斯模糊

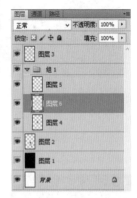
图 7-137　选择图层

26 调整叠加的颜色，如图 7-138 所示，然后调整一下整体感受，如图 7-139 所示。

27 新建图层，准备绘制毒气光雾，如图 7-140 所示。绘制雾气时注意气流的走向要自然，如图 7-141 所示。

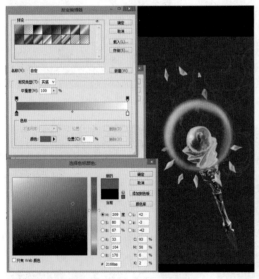
图 7-138　调整颜色

图 7-139　整体效果

图 7-140　绘制毒气光雾

28 无论哪部分的雾气都要有整体的风源感，如图 7-142 所示，然后在所规划的地方点缀几颗毒水珠，如图 7-143 所示。

29 使用"线性减淡"的同色画笔进行水珠感觉的刻画，如图 7-144 所示，然后复制该图层，如图 7-145 所示。

图 7-141　绘制雾气

图 7-142　绘制雾气

图 7-143　绘制毒水珠

30　将图层的属性改为"颜色减淡"，然后对照大效果图进行调整，如图 7-146 所示。

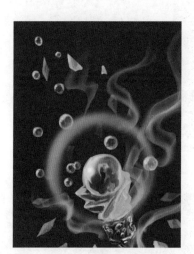

图 7-144　调整毒水珠

图 7-145　复制图层

图 7-146　调整效果

31　选择橡皮擦工具并改变其画笔笔刷的造型，如图 7-147 所示，将前后关系明确一下，远处的用半透明橡皮擦工具稍微减弱一点，如图 7-148 所示。

32　选中碎水晶层，如图 7-149 所示，按"Ctrl+B"键调出"色相/饱和度"选单，调整参数，如图 7-150 所示。

33　调整好色彩后再反复检查各部分的配比是否得当，如图 7-151 所示。在顶部新建一个图层，如图 7-152 所示。

34　在外层点缀一片荧光，营造出生动的感觉，如图 7-153 所示。复制这一图层并改变图层的属性，如图 7-154 所示。

35　毒属性权杖特效就制作完成了，效果如图 7-155 所示。

图 7-147　选择笔刷

图 7-148　绘制效果

图 7-149　选择图层

图 7-150　设置色相/饱和度

图 7-151　调整色彩

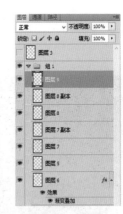

图 7-152　新建图层

图 7-153　绘制莹光

图 7-154　图层面板

图 7-155　毒属性权杖效果

▶ 第四节　水属性权杖

本例通过制作水属性权杖，介绍水属性特效的制作方法。

设计制作思路

（1）按照设计文本需求，针对有水属性的武器进行归类，查找收集相关的参考图片。

（2）绘制基础权杖，注意造型特色和体积结构。

（3）填充色彩，将权杖的各部分细节丰富完整。

（4）用材质笔刷和笔刷属性的配合进行特效主体的刻画，注意单体光源的光线折射所营造的效果和大小比例的疏密视觉感受。

（5）按照光效关键帧的水属性特点进行特效的草图设计，注意这部分关键帧的水流感受的动感。

（6）分层次对水属性效果进行刻画，注意光源对效果主体的光线影响。

（7）简单背景与氛围的塑造。

水属性权杖的效果图如图 7-156 所示。

图 7-156　水属性权杖效果

1　根据设计需求寻找一些相关类型的素材作为参考。如图 7-157 所示。

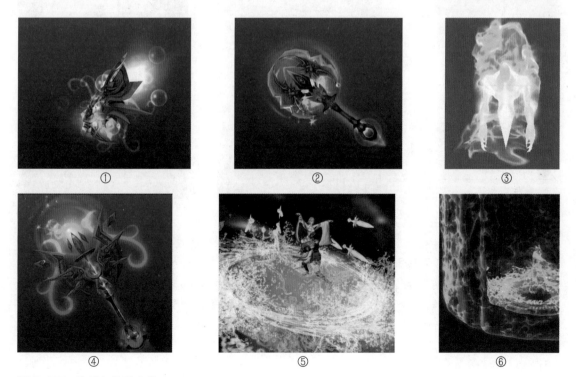

①　　　　　　　　②　　　　　　　　③

④　　　　　　　　⑤　　　　　　　　⑥

图 7-157　造型与材质参考

[2] 打开 Photoshop CS6 新建一个图像文件并设置好尺寸和分辨率，如图 7-158 所示。新建图层，准备填充背景色，如图 7-159 所示。

[3] 使用油漆桶工具将背景层填充为黑色，然后降低不透明度，如图 7-160 所示。选择硬边缘笔刷进行线稿的绘制，如图 7-161 所示。

图 7-158 新建项目

图 7-159 新建图层

图 7-160 填充颜色

[4] 首先绘制一个权杖的简单线稿，注意长与宽的造型对比，如图 7-162 所示。按"Ctrl+T"键并单击右键，在打开的下拉子菜单中选择"自由变换"，如图 7-163 所示。

图 7-161 选择笔刷

图 7-162 绘制线稿

图 7-163 自由变换

[5] 将权杖斜放后，使用魔棒工具选中主体部分，如图 7-164 所示。在草图下面新建一个底色层，如图 7-165 所示。

[6] 打开拾色器，在其中选择饱和度较低的灰色部分并填充在主体范围内，如图 7-166 所示。选中线稿层和填色层并单击右键，在打开的下拉子菜单中选择"合并图层"命令，如图 7-167 所示。

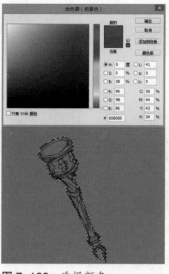

图 7-164　选择对象　　　　图 7-165　新建图层　图 7-166　选择颜色　　　　图 7-167　合并图层

7　选择一款有不透明效果的笔刷，如图 7-168 所示，将笔刷的属性改变为"叠加"。

8　在合并的底层上至二级进行黑白稿的绘制，确定光源方向，如图 7-169 所示。注意高光的角度和明暗交界线的丰富刻画，如图 7-170 所示。

图 7-168　选择笔刷　　　　　图 7-169　绘制图像　　　　　图 7-170　绘制图像

9　权杖耳朵头部不用刻画得太细致，如图 7-171 所示，整体绘制要把大的黑白关系与明暗交界线整理清楚，如图 7-172 所示。

10　选中"加深工具"或者"减淡工具"，对整体的体积感进行深度描绘，如图 7-173 所示。

图7-171　绘制权杖耳朵头部

图7-172　整体效果

图7-173　描绘体积感

[11]　使用魔棒工具选中主体，如图7-174所示。选择一款柔性边缘的画笔，柔性画笔有利于叠加颜色的自然度，如图7-175所示。

[12]　将画笔属性改变为"叠加"，打开拾色器，在其中选择一种金属的固有色，如图7-176所示。

图7-174　选择对象

图7-175　选择画笔

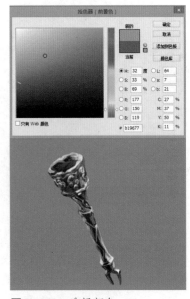

图7-176　选择颜色

[13]　暗部要使用的颜色首选相反色，如图7-177所示，反光色选择一种冷色，以区别冷暖关系，如图7-178所示。

[14]　新建图层，准备绘制特效部分，如图7-179所示。选择一种硬边缘的画笔，如图7-180所示。

[15]　新建组别与新的图层，如图7-181所示。首先绘制建大的草图效果，如图7-182所示。

[16]　选择"椭圆选区工具"绘制一个圆形选区，如图7-183所示。将画笔属性改变为"线性减淡（添加）"。

图 7-177　选择颜色

图 7-178　选择颜色

图 7-179　新建图层

图 7-180　选择画笔

图 7-181　新建图层

图 7-182　绘制草图

[17]　先在圈范围内试一试笔刷的色彩叠加效果，如图 7-184 所示。准备好之后，在范围内进行初步的水球效果绘制，如图 7-185 所示。

[18]　在滤镜选项中找到"高斯模糊"，如图 7-186 所示，调整模糊参数，注意不要将水球的模糊效果做得太大，如图 7-187 所示。

[19]　选择该图层并打开图层样式，选择叠加效果为"滤色"，如图 7-188 所示，然后根据预览图调整至示意图效果，如图 7-189 所示。

[20]　新建图层，如图 7-190 所示。使用圆形选区工具绘制一个正圆，如图 7-191 所示。

[21]　打开拾色器，选择深蓝色作为打底色，如图 7-192 所示。将画笔属性调整为"线性减淡（添加）"，然后绘制外部水球，如图 7-193 所示。

图 7-183　绘制选区

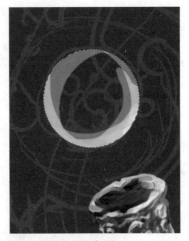

图 7-184　调整色彩

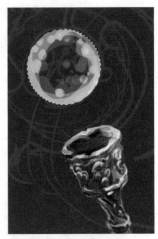

图 7-185　绘制水球

图 7-186　高斯模糊

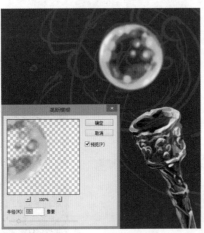

图 7-187　设置高斯模糊

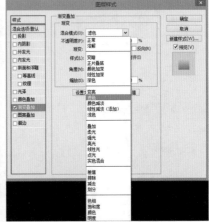

图 7-188　设置图层模式

图 7-189　调整效果

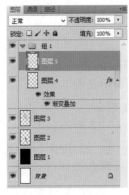

图 7-190　新建图层

图 7-191　绘制选区

22　在模糊选项中找到"径向模糊"，如图 7-194 所示，调整模糊参数和模糊方式，如图 7-195 所示。

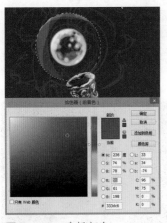

图 7-192　选择颜色　　　　图 7-193　绘制外部水球　　　　图 7-194　径向模糊

23 根据预览图将画面调整至最佳效果，如图 7-196 所示，然后复制该图层。

24 将复制的图层进行一次模糊，如图 7-197 所示。将模糊的图层移动至下方，如图 7-198 所示。

图 7-195　设置径向模糊　　　图 7-196　设置效果　　　　图 7-197　模糊效果

25 在内部绘制一些小的水珠子，注意使用"减淡"的画笔，如图 7-199 所示。水珠子的大小要有对比，如图 7-200 所示。

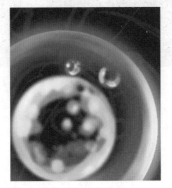

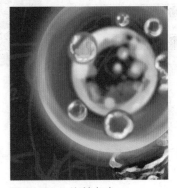

图 7-198　移动图层　　图 7-199　绘制水珠　　　图 7-200　绘制水珠

26　调整所有的水珠,注意前后对比的关系和透视关系,如图 7-201 所示,按"Ctrl+T"键自由变换水珠效果,如图 7-202 所示。

27　将整体的内部水球变小一些,这样的体积对比就比较明显了,如图 7-203 所示。使用魔棒工具将外部圈选中,选择笔刷,如图 7-204 所示。

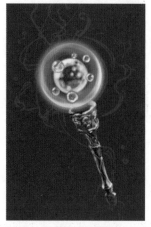
图 7-201　绘制水珠

图 7-202　绘制水珠

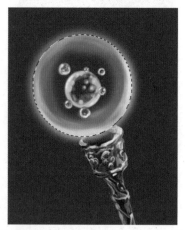
图 7-203　绘制水珠

28　将画笔属性调整为"颜色减淡",在外部水球绘制一层柔性的高光,如图 7-205 所示。

29　打开草稿图层,绘制简单的水浪效果,如图 7-206 所示。水浪效果要注意的是水流的自然性和柔性,如图 7-207 所示。

图 7-204　选择笔刷

图 7-205　绘制高光

图 7-206　绘制水浪

30　婉转性要有主次感,注意不要打结,如图 7-208 所示,大小也要有对比,这样造型才丰富,如图 7-209 所示。

31　长短与疏密的对比如图 7-210 所示,将整体放远一点再进行检查,如图 7-211 所示。

32　复制水浪图层,如图 7-212 所示,将复制的图层属性改变为"滤色"。

图 7-207   绘制水浪

图 7-208   绘制水浪

图 7-209   绘制水浪

图 7-210   整体效果

图 7-211   整体效果

图 7-212   复制图层

33　现在的效果是均匀的，接下来要进行变化上的处理，如图 7-213 所示。选中橡皮擦工具并改变画笔笔刷为柔性边缘，如图 7-214 所示。

34　将上层滤色层进行减淡，如图 7-215 所示，注意近处远处以及主次大小的层次变化，如图 7-216 所示。

图 7-213   整体效果

图 7-214   选择笔刷

图 7-215   减淡效果

35 新建组别和新图层，绘制下一个效果，如图 7-217 所示。为了增加小水珠的灵动性，先绘制小水珠的摆放位置，如图 7-218 所示。

图 7-216　整体效果

图 7-217　新建图层

图 7-218　绘制小水珠

36 将画笔属性改变为"线性减淡（添加）"，水珠的绘制要注意高光和反光，如图 7-219 所示。

37 大小水珠也要有变化和区别，千万不要绘制一个然后复制，如图 7-220 所示。水珠绘制完成后的效果是平面的，如图 7-221 所示。

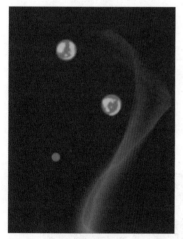

图 7-219　绘制水珠

图 7-220　绘制水珠

图 7-221　水珠效果

38 使用半透明的橡皮擦工具进行主次区分，如图 7-222 所示。新建图层，再绘制一层细小的效果，如图 7-223 所示。

39 选择有小颗粒变化的笔刷，如图 7-224 所示。绘制完简单效果后，复制该图层并改变图层属性，如图 7-225 所示。

图 7-222　整体效果

图 7-223　新建图层

图 7-224　选择笔刷

图 7-225　图层面板

40　根据预览图调整不透明度，以做到足够的层次感，如图 7-226 所示。细微部分不要超过主体部分，如图 7-227 所示。水属性权杖就制作完成了，效果如图 7-228 所示。

图 7-226　调整效果

图 7-227　整体效果

图 7-228　水属性权杖效果图

▶ 第五节　图腾柱

图腾柱是循环类的特效，表达的是一种状态，有点类似于 BUFF 这样的携带型效果。图腾柱在突出循环效果的同时，最主要的就是要体现字符效果，也就是传统意义上的图腾图案。

这类特效在设计完成后，通常会使用三维技术来实现。但是前期的手绘概念图是很重要的，在设计时，尤其要注意表现顺序、表现素材、表现侧重点等。

设计制作思路

（1）按照设计文本需求，找一些有增益效果的特效截图，收集一些图腾柱一类的参考素材。

（2）绘制基础图腾柱，注意造型特色和体积结构。

（3）按照光效特点进行特效的草图设计，注意这部分关键帧的动感和细碎组件的疏密关系。

（4）用材质笔刷和笔刷属性的配合进行特效主体的刻画。

（5）对每一个增益效果点进行主次拆分并进一步用有属性效果的笔刷来刻画。

（6）对色彩感受进行最终调整，注意特效播放关键帧的特点。

（7）简单背景与氛围的塑造。

图腾柱的效果图如图 7-229 所示。

图 7-229　图腾柱效果图

1　根据设计需要寻找一些相关类型的素材作为参考，如图 7-230 所示。

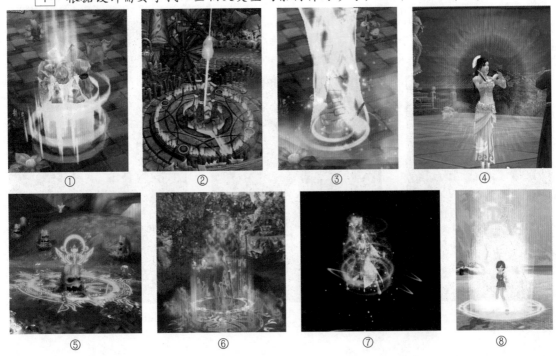

① ② ③ ④

⑤ ⑥ ⑦ ⑧

图 7-230　造型与材质参考

2　打开 Photoshop CS6 新建一个项目并设置好参数，如图 7-231 所示。新建图层并使用油漆桶工具涂满，降低不透明度打好底色，如图 7-232 所示。

3　选择画笔准备绘制草稿，如图 7-233 所示，首先绘制一个示意图腾元素，如图 7-234 所示。

4　打开拾色器，在其中选择好合适的特效色彩，如图 7-235 所示。将画笔属性改变为"线性减淡（添加）"

图 7-231　新建项目

图 7-232　图层面板

图 7-233　选择画笔

图 7-234　绘制图腾

　　⑤　绘制示意草图，如图 7-236 所示。从内部核心开始绘制，先绘制简略的核心，如图 7-237 所示。

图 7-235　选择颜色

图 7-236　绘制草图

图 7-237　绘制核心

　　⑥　选择涂抹工具制作成灵火的效果，如图 7-238 所示。

　　⑦　将图层样式打开并勾选"渐变叠加"，将叠加样式调整为"滤色"，如图 7-239 所示。调整距离和不透明度至合适位置，如图 7-240 所示。

图 7-238　制作灵火

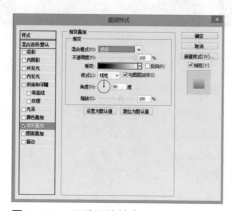

图 7-239　设置图层样式

图 7-240　灵火效果

8　绘制向上飘的荧光草图，如图 7-241 所示。调整图层样式至和核心相仿，如图 7-242 所示。

9　环绕的特效也是先分离出草稿的绘制部分，然后使用涂抹工具进行细节上的刻画，如图 7-243、图 7-244 所示。

 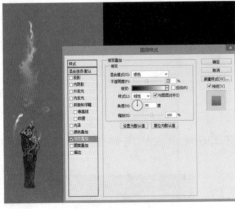 

图 7-241　绘制草图　　图 7-242　设置图层样式　　　　图 7-243　绘制环绕特效

10　对于地光的绘制，先用柔性画笔绘制一个范围，如图 7-245 所示，再使用柔性橡皮擦擦出不透明的部分，用"颜色属性"的画笔做一点简单的渐变，如图 7-246 所示。

 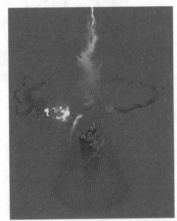 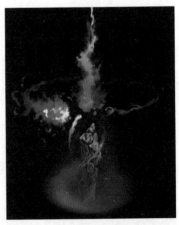

图 7-244　绘制环绕特效　　　图 7-245　绘制地光　　　　图 7-246　绘制地光

11　用柔性笔刷制作简易的符文，如图 7-247 所示。复制图层并对底部图层进行模糊处理，如图 7-248 所示。

12　调整一下颜色方向，先暂时让它处于对比色状态，如图 7-249 所示。对于速度线的绘制，首先绘制出粗糙的带有色彩变化的线条组，如图 7-250 所示。

13　在滤镜中打开"动感模糊"并调整参数，如图 7-251 所示，然后多复制一层，丰富效果层次，如图 7-252 所示。

14　绘制一些点光，将画笔属性调整为"线性减淡（添加）"，如图 7-253 所示。将速度线那一层叠加一个色彩渐变，如图 7-254 所示。

图 7-247 制作符文

图 7-248 制作符文

图 7-249 制作符文

图 7-250 绘制速度线

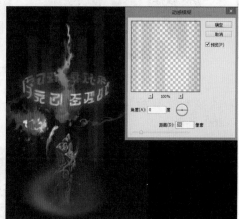

图 7-251 设置动感模糊

图 7-252 丰富效果

15 将字符的色彩改正，如图 7-255 所示。在外部再补充一些小的飞行效果，如图 7-256 所示。

图 7-253 绘制点光

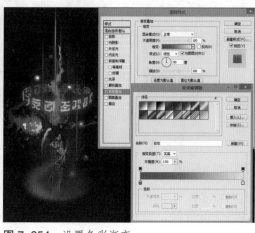

图 7-254 设置色彩渐变

图 7-255 调整色彩

16 使用涂抹工具和橡皮擦工具进行细节刻画，如图7-257所示。选择粗糙造型的笔刷进行背景效果的大体绘制，如图7-258所示。

图7-256 飞行效果

图7-257 刻画细节

图7-258 绘制背景

17 打开图层样式，勾选"渐变叠加"并调整色彩参数，如图7-259所示。魔法图腾柱就制作完成了，如图7-260所示。

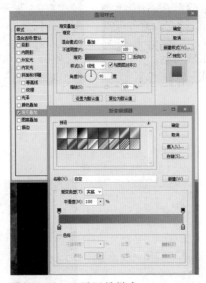

图7-259 设置图层样式

图7-260 图腾柱效果图

▶ 第六节　雷击技能吟唱

技能吟唱特效是技能的准备阶段，也是很具有表现力的阶段，这部分的特效设计主要是涉及绘制关键帧。

设计制作思路

（1）绘制范围草图，检查外轮廓设计。

（2）绘制色彩分层稿。

（3）分层刻画。

（4）层次整理。

（5）细节调整。

雷击技能吟唱效果图如图 7-261 所示。

图 7-261　雷击技能吟唱效果图

1　使用 Photoshop CS6 新建项目后，新建图层制作底色部分，如图 7-262 所示。选择硬边缘画笔，如图 7-263 所示。

2　先绘制一个角色动作，如图 7-264 所示。使用魔棒工具选择主体，然后铺上一层底色，如图 7-265 所示。

图 7-262　图层面板　　图 7-263　选择笔刷　　图 7-264　绘制动作　　图 7-265　填充色彩

3　打开拾色器，在其中选择技能主色调，如图 7-266 所示。使用"线性减淡（添加）"的画笔属性绘制技能草图，如图 7-267 所示。

4　新建图层，准备进一步制作效果，如图 7-268 所示。使用圆形选框工具绘制一个圆，如图 7-269 所示。

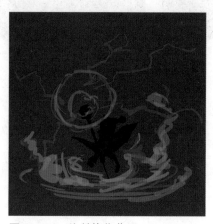

图 7-266　选择主色调　　　　图 7-267　绘制技能草图　　　　图 7-268　新建图层

5　改变画笔属性为"线性减淡（添加）"，在选区内部绘制光球，如图 7-270 所示。

6　复制图层，如图 7-271 所示，按"Ctrl+T"键改变图像大小，如图 7-272 所示。

图 7-269　绘制圆

图 7-270　绘制光球

图 7-271　复制图层

7　使用同样的办法，再绘制一个更大的光圈，如图 7-273 所示。在滤镜中找到"高斯模糊"，如图 7-274 所示。

图 7-272　改变图像大小

图 7-273　改变光圈

图 7-274　高斯模糊

8　复制该图层，如图 7-275 所示，对下面的图层再使用一次高斯模糊，营造出层次，如图 7-276 所示。

9　选择硬边缘画笔，如图 7-277 所示，改变画笔属性为"线性减淡（添加）"，然后绘制内层气浪，如图 7-278 所示。

10　使用涂抹工具丰富造型，如图 7-279 所示。使用同样的办法绘制外层气浪，如图 7-280 所示。

11　将折叠或转折的部分强调一下，如图 7-281 所示。新建组并新建图层，如图 7-282 所示。

图 7-275　复制图层 图 7-276　绘制层次感　　　图 7-277　选择画笔　　　图 7-278　绘制内层气浪

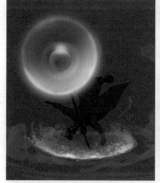  

图 7-279　丰富造型　　　　　图 7-280　绘制外层气浪　　　　　图 7-281　绘制外层气浪

12　选择硬边缘画笔并调整画笔属性为"线性减淡（添加）"，绘制电光草图，如图 7-283 所示。使用涂抹工具和柔边橡皮擦工具丰富电光，如图 7-284 所示。

 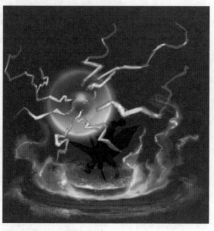 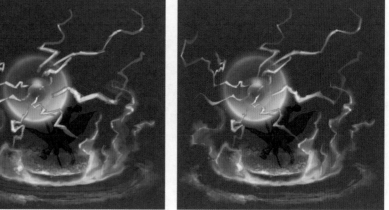

图 7-282　图层面板　　图 7-283　绘制电光　　　　　图 7-284　绘制电光

13　添加简单的背景，最终效果如图 7-285 所示。

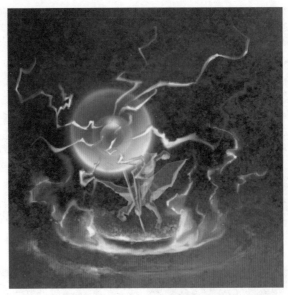

图 7-285　最终效果图

▶ 第七节　聚气技能效果

聚气效果也是技能表现的典型代表。设计
这类特效和上一节的方法一样。

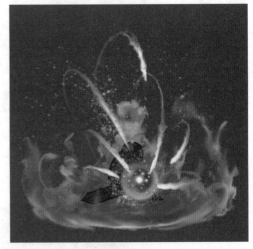

设计制作思路

（1）绘制范围草图，检查外轮廓设计。

（2）绘制色彩分层稿。

（3）分层刻画。

（4）层次整理。

（5）细节调整。

聚气技能效果图如图 7-286 所示。

图 7-286　聚气技能特效图

1 首先新建图层，设定好底色，如图 7-287 所示。选择硬边缘画笔，如图 7-288 所示。

2 绘制一个聚气动作，如图 7-289 所示，然后绘制简单的色彩草图，如图 7-290 所示。

图 7-287　新建图层

图 7-288　选择画笔

图 7-289　绘制聚气动作

⊡3⊡　降低草稿的不透明度，使用圆形选框工具在选区内绘制一个图，如图 7-291 所示。将画笔调整为"线性减淡（添加）"，绘制圆效果，如图 7-292 所示。

图 7-290　绘制色彩草图

图 7-291　绘制圆

图 7-292　绘制圆效果

⊡4⊡　在滤镜中找到"高斯模糊"并调整参数，如图 7-293 所示。新建一个图层，再绘制一些纤细的材质聚拢效果，如图 7-294 所示。

⊡5⊡　切换到柔边缘画笔，如图 7-295 所示，制作一些较大的光点，如图 7-296 所示。

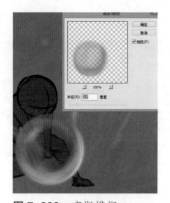

图 7-293　高斯模糊

图 7-294　绘制聚拢效果

图 7-295　选择画笔

⊡6⊡　新建一个图层，制作技能表现的草图，如图 7-297 所示。使用涂抹工具增加细节，再使用"减淡工具"强调一下亮光部分，如图 7-298 所示。

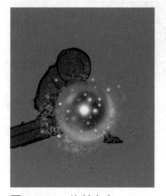

图 7-296　绘制光点

图 7-297　绘制技能表现草图

图 7-298　绘制亮光

7 在背后绘制技能氛围光效，如图 7-299 所示。使用"线性减淡（添加）"的画笔进行深度的色彩分析，如图 7-300 所示。

图 7-299 绘制技能氛围光效

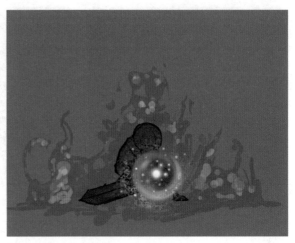

图 7-300 色彩分析

8 使用涂抹工具和橡皮擦工具丰富各部分细节，如图 7-301 所示。打开图层样式，勾选"渐变叠加"，如图 7-302 所示。

图 7-301 丰富细节

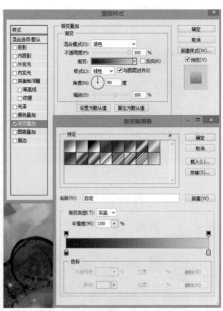

图 7-302 设置图层样式

9　调整色彩范围，如图 7-303 所示。在最顶层新建一个图层，绘制最前端的气浪，如图 7-304 所示。

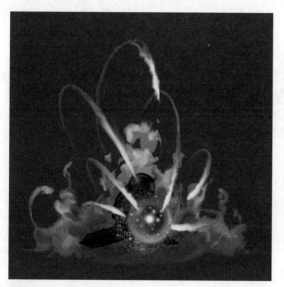

图 7-303　调整色彩范围

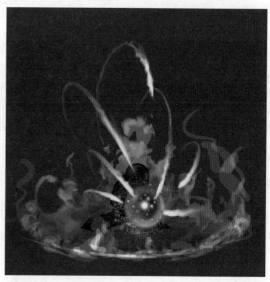

图 7-304　绘制气浪

10　用涂抹工具丰富细节，如图 7-305 所示，再点缀一些星光即可，最终效果如图 7-306 所示。

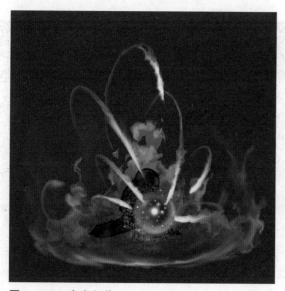

图 7-305　丰富细节

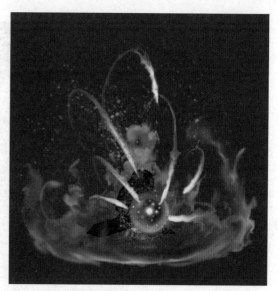

图 7-306　最终效果图

习题

1. 简述道具特效设计的概念及分类。

2. 根据所学知识，制作一个毒属性武器特效。

第八章
经典游戏道具设计赏析

▷ 第一节 《战神3》武器道具赏析

《战神 3》是 SCEA 硬派动作游戏代表作《战神》系列三部曲的终结之作，也是该系列登陆 PS3 主机的首款作品，游戏由索尼旗下的实力小组圣莫尼卡工作室打造。借助开发技术的进步和主机机能的提升，游戏以全新的面貌将奎托斯伟大冒险旅程的最终章呈现给玩家。

以下是在整个游戏设计环节借鉴的一些和道具相关联的设计参考图。

锁链飞刃这种武器来自东方国度，在《战神 3》这样以西方神话为背景的故事里，其在造型上经过西化，也可以很得当地出现，并且带有一定的创造性。在设计上锁链飞刃带有一定哥特式感觉，在刀刃上靠近蝙蝠翅膀的感觉。如图 8-1 所示。

狮头锤在设计上以写实为主，没有对狮头本身的特征进行浓缩，保持了原汁原味的造型设计，这样使狮头的威武感觉传达得更明显。如图 8-2 所示。

图 8-1　锁链飞刃

图 8-2　狮头锤

战靴的设计有很多种，侧面是最能看出战靴造型冲击感的角度。在设计这样的道具时，可以优先从这个角度的美观上下手。不同造型的元素特征都能代表和突出相关的文化信息。如图 8-3 所示。

刺钩这种武器比较少见，战神的美术设计团队将这种武器融入仿生造型，在视觉上给人一种原始野蛮的感受。如图 8-4 所示。另一种刺钩也是在仿生造型上将其金属化，营造出坚固与强大破坏力的感觉。如图 8-5 所示。

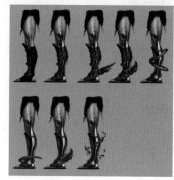

图 8-3　战靴

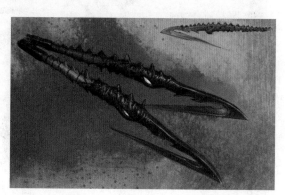

图 8-4　刺钩

拳套在原有印象里，都是包裹在拳头周围的。战神美术团队将这一设计思路发散开，将原有体积夸张地提升至整个前臂，使用重金属大铆钉的设计，明显地突出力量与强大破坏力的感觉。如图 8-6 所示。

图 8-5　刺钩

图 8-6　拳套

▶ 第二节　《DOFUS》武器道具赏析

《DOFUS》是一部将英雄奇幻和色彩鲜明的 2D 设计结合起来的 MMORPG，由 Ankama Studio 出品。

它不仅是角色扮演游戏，同时也是互动卡通，意在吸引游戏高手和休闲玩家。

DOFUS 是全 Flash 做的 MMORPG，Flash 特色的矢量图和半美版卡通风格使游戏整体非常好看，特别吸引眼球。

游戏中充满创意的画面使探险旅程充满幽默，游戏中将角色扮演、多彩的图像和紧张的智谋战斗有机结合在一起。

2D 游戏的美术设计要求就要比 3D 游戏的美术要求稍高一点，绘画的元件都是直接在游戏中体现并使用，不需要经过 3D 美术的再创作。如图 8-7、图 8-8 所示。

图 8-7　装备

图 8-8　装备

偏卡通的 Q 版设计能吸引更多的玩家，算是一种比较普遍的审美角度，如图 8-9 所示。

武器的设计思路非常开阔，充满想象力的取材，再加上在二维表现上的美术功底，将其表现地富有灵气，如图 8-10 所示。

图 8-9　装备

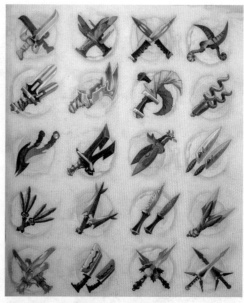

图 8-10　轻武器

虽然是重武器，但是将特征和材质提取出来后，依然能够在 Q 版的设计氛围下表现出较强的设计感，如图 8-11 所示。魔杖的设计在思路上也是天马行空，但仍然有很强的表现力，如图 8-12 所示。

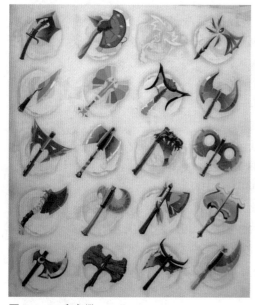

图 8-11　重武器

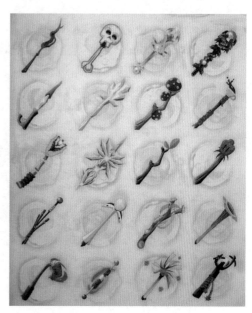

图 8-12　魔杖

铲子一类的武器在造型上原本是比较拘束的，但是将其本质和各种材质元素相结合后，也可以做得非常丰富，如图 8-13 所示。

其他的小道具都以可爱和简洁的设计为主，如图 8-14 所示。

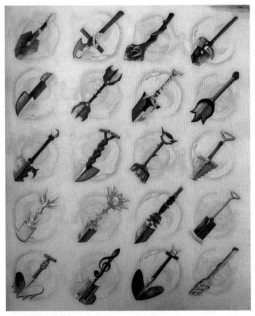

图 8-13　铲子

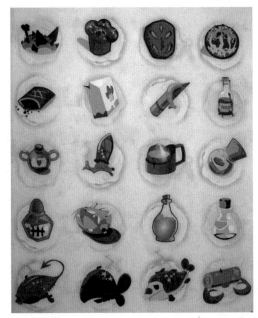

图 8-14　其他小道具

▶ 第三节　《Steeldog》武器道具赏析

《Steeldog》是韩国 NCSOFT 公司旗下的车辆格斗网络游戏。

《Steeldog》的最大特点是出色的游戏画面和通过物理作用表现的动作快感，包括公开死亡竞赛、团队死亡竞赛、单机模式等三种游戏模式。

车辆也可以根据玩家的口味三选一，分别是速度慢却具有强悍的攻击 / 防御力的坦克，快速移动可以战略游戏的小型车，性能在两车之间的中型车。三种车共为 8 辆，而这 8 辆车均以《天堂》中的怪物命名，增加了游戏乐趣。

这款游戏主要以车辆为主题，借鉴了很多设计思路，如图 8-15 所示。导弹车的设计非常前卫，直接舍去其他和功能无关的部分，只保留履带和炮塔，完全为了突出其性能，这种取主舍次的办法也是很值得借鉴和学习的，如图 8-16 所示。

这是一款三维游戏，所以各种车辆在设计的时候都需要最基本的三视图或者多视图，让模型制作者能够清楚明了地知道整个设计的详细内容，如图 8-17 所示。

在区分的时候，用色彩和线稿来区分和明确各部分功能范围，如图 8-18 所示。

将角色和交通工具进行融合也是一种大胆的尝试，拓宽设计思路是每一个设计者的必修课，如图 8-19 所示。

交通工具在遇到特殊形状时候，在透视关系上一定要以整体大的外形趋向来确定，如图 8-20 所示。

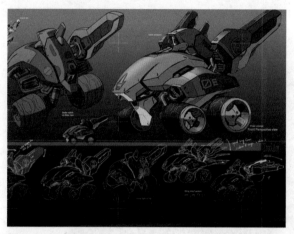

图 8-15　车辆

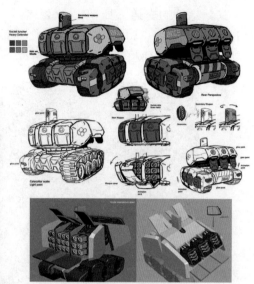

图 8-16　导弹车

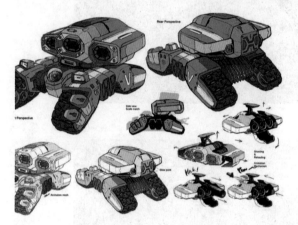

图 8-17　多视图

图 8-18　用色彩和线稿区分功能

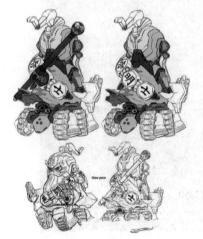

图 8-19　角色与交通工具融合

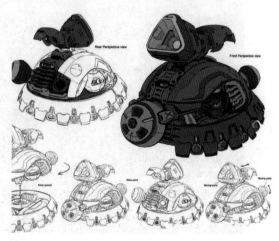

图 8-20　特殊形状的交通工具

　　动物造型的交通工具一般比较少见，将其机械化是前提，并且在设计上还要保留它们的特征，如图 8-21 所示。在用色上，对仿生物造型的交通工具要注意符合其原型特征，可以靠近原型所传达的情绪，如图 8-22 所示。

图 8-21　动物造型的交通工具

图 8-22　仿生物造型交通工具

有造型变化的地方也要单独分离出来设计制作，如图 8-23 所示。

图 8-23　有造型变化的交通工具

▶ 第四节　《EVE》武器道具赏析

《EVE Online》由冰岛 CCP 公司开发，以宏大的太空为背景，高度融合硬科幻元素，给玩家展现了一个自由的虚拟宇宙世界。玩家驾驶各式船舰在超过五千个行星系中穿梭，在游戏的宇宙中能进行各式的活动，包括采矿、制造、贸易与战斗，玩家可从事的活动类型随着技能而递增，即使玩家没有进入游戏中，游戏中技能的训练随时都进行着。《EVE Online》揽获包括 GDC 在内的世界游戏大奖，更在欧美最著名游戏网站 MMORPG.com 的榜单排名中击败众多知名网游，成为 2011 年度世界最佳游戏。

星际类的交通工具对外观造型没有太过分的硬性要求，《EVE》在这方面取舍得很好，能够突出主要功能是他们的主要表现点，如图 8-24 所示。三视图的要求相对较高，对形体和体积的表达也很准确，如图 8-25 所示。

每一部战舰都有自己的造型特征和风格，在一定程度上表达着驾驶员的风格，如图 8-26 所示。绘制草图的时候将简单的黑白灰关系带入，能更好地表达前后体积关系，如图 8-27 所示。

图 8-24 《EVE》参考图

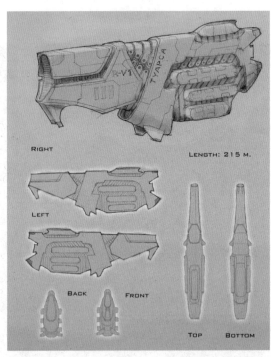

图 8-25 《EVE》参考图

图 8-26 《EVE》参考图

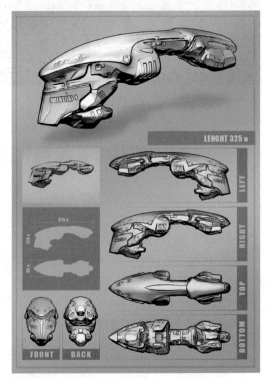

图 8-27 《EVE》参考图

　　任何造型的空间交通工具都是可以接受的，这主要来源于写实的背景世界，如图8-28 所示。

有较高还原度的模型，前提一定是精确的三视图，如图 8-29 所示。

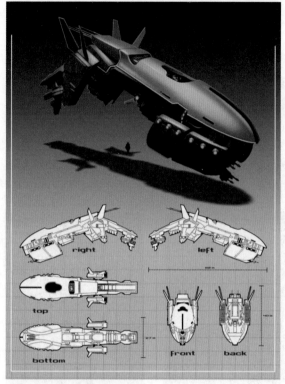

图 8-28　《EVE》参考图

图 8-29　《EVE》参考图

《EVE》是一款高要求设计的游戏，基本交通工具都有六视图可以参考，如图 8-30 所示。

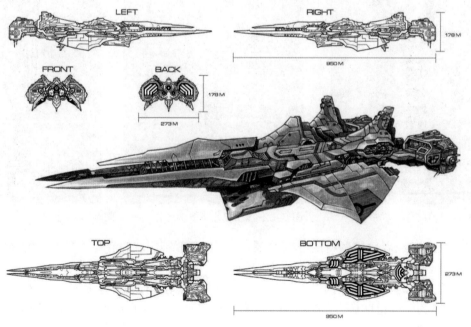

图 8-30　《EVE》参考图

第五节 《永恒之塔》武器道具赏析

《永恒之塔》是韩国第一网游巨头 NCsoft 精心打造制作的新一代奇幻 MMORPG，是一款集 NCsoft 开发实力之大成的产品。该游戏号称需要的配置是有史以来最强的，是中国在线运行网络游戏容量最大的游戏。该游戏是盛大引进的一款 3DMMORPG 大型多人在线角色扮演类的奇幻游戏，采用 3D 的 Cry Engine 引擎。

《永恒之塔》的武器道具数目众多，这里选择一些具有一定代表性的设计进行点评，这款网游对武器道具实行的是署名套装制度，就是所有的武器道具都使用一种风格或者一种主题的设计元素，如图 8-31 至图 8-33 所示。

图 8-31 《永恒之塔》参考图　　图 8-32 《永恒之塔》参考图　　图 8-33 《永恒之塔》参考图

每一个主题或者风格题材的套装武器，都有相同的特征和元素，在不同种类的武器道具上都可以看到，如图 8-34 至图 8-36 所示。

精细的设计元素是这款网游的风格。细腻的设计元素在每一个武器上都有充分的体现，华丽高档的感受很明确，所要表达的体感非常准确。很多美观的设计都是可以借鉴的，如图 8-37 至图 8-39 所示。

图 8-34 《永恒之塔》参考图

图 8-35 《永恒之塔》参考图

图 8-36 《永恒之塔》参考图

图 8-37 《永恒之塔》参考图

图 8-38 《永恒之塔》参考图

图 8-39 《永恒之塔》参考图

习题

1. 找出自己喜欢的游戏，罗列出游戏内有代表性的武器道具或者交通工具，整理并分析它们的设计思路。

2. 找一款自己喜欢的游戏，将武器道具或者交通工具的设计元素分列出来。找到游戏的美术设计主题。

3. 完成上述两个习题后，写一份报告，主题是设计一款游戏并简述里面的美术内容。

读者回函卡

亲爱的读者：

　　感谢您对海洋智慧IT图书出版工程的支持！为了今后能为您及时提供更实用、更精美、更优秀的计算机图书，请您抽出宝贵时间填写这份读者回函卡，然后剪下并邮寄或传真给我们，届时您将享有以下优惠待遇：

● 成为"读者俱乐部"会员，我们将赠送您会员卡，享有购书优惠折扣。
● 不定期抽取幸运读者参加我社举办的技术座谈研讨会。
● 意见中肯的热心读者能及时收到我社最新的免费图书资讯和赠送的图书。

姓　名：＿＿＿＿＿　性　别：☐男 ☐女　　年　龄：＿＿＿＿＿＿

职　业：＿＿＿＿＿＿＿＿　爱　好：＿＿＿＿＿＿＿＿＿＿＿＿＿

联络电话：＿＿＿＿＿＿＿＿＿　电子邮件：＿＿＿＿＿＿＿＿＿＿

通讯地址：＿＿＿＿＿＿＿＿＿＿＿＿＿＿＿　邮编：＿＿＿＿＿＿

---

1 您所购买的图书名：＿＿＿＿＿＿＿＿＿＿　购买地点：＿＿＿＿＿＿

2 您现在对本书所介绍的软件的运用程度是在：☐ 初学阶段 ☐ 进阶／专业

3 本书吸引您的地方是：☐ 封面 ☐ 内容易读 ☐ 作者　价格 ☐ 印刷精美

　　☐ 内容实用　　☐ 配套光盘内容　　其他＿＿＿＿＿＿＿＿＿

4 您从何处得知本书：☐ 逛书店　　☐ 宣传海报　　☐ 网页　　☐ 朋友介绍

　　☐ 出版书目　　☐ 书市　☐ 其他＿＿＿＿＿＿＿＿＿

5 您经常阅读哪类图书：

　　☐ 平面设计　☐ 网页设计　☐ 工业设计　☐ Flash 动画　☐ 3D 动画　☐ 视频编辑

　　☐ DIY　☐ Linux　☐ Office　☐ Windows　☐ 计算机编程　其他＿＿＿＿＿

6 您认为什么样的价位最合适：

7 请推荐一本您最近见过的最好的计算机图书：＿＿＿＿＿＿＿＿

8 书名：＿＿＿＿＿＿＿＿＿＿　出版社：＿＿＿＿＿＿＿＿＿＿

9 您对本书的评价：＿＿＿＿＿＿＿＿＿＿＿＿＿＿＿＿＿＿＿

＿＿＿＿＿＿＿＿＿＿＿＿＿＿＿＿＿＿＿＿＿＿＿＿＿＿＿＿＿

您还需要哪方面的计算机图书，对所需的图书有哪些要求：

＿＿＿＿＿＿＿＿＿＿＿＿＿＿＿＿＿＿＿＿＿＿＿＿＿＿＿＿＿

社址：北京市海淀区大慧寺路 8 号　网址：www.wisbook.com　技术支持：www.wisbook.com/bbs

编辑热线：010-62100088　010-62100023　传真：010-62173569

邮局汇款地址：北京市海淀区大慧寺路 8 号海洋出版社教材出版中心　邮编：100081

海洋出版社